JUNGS, EURE 50er

Noch mehr zu den 50ern der 70er

Frank Rönicke

Motor buch Verlag

Einbandgestaltung: Luis dos Santos unter Verwendung von Motiven der Firmen Hercules/SACHS sowie Kreidler.

Bildnachweis: Die zur Illustration dieses Buches verwendeten Aufnahmen stammen – wenn nicht anderes vermerkt ist – aus dem Archiv des Verfassers, dem Archiv Günter Sengfelder, der Sammlung Kuch oder aus den Archiven der Hersteller.

ISBN: 978-3-613-04447-0

Ein Unternehmen der Paul Pietsch Verlage GmbH & Co. KG

1. Auflage 2022

Sie finden uns im Internet unter: www.motorbuch.de

Lektorat: Joachim Kuch
Innengestaltung: Jürgen Knopf, 74321 Bietigheim
Printed by GPS in Bosnia-Herzegovina

VORWORT

Die Zeitschrift »Motorrad«, der europäische Marktführer unter den Zweiradblättern, hatte, von Chefredakteur Siegfried Rauch initiiert, in den 70er Jahren mit der Rubrik »Jungs, Eure 50er« großen Erfolg und damit auch jüngere Leser an sich gebunden. Gestandene Motorjournalisten wie Ernst »Klacks« Leverkus, Franz Josef Schermer, Rauch selbst oder Gerrit Heyl testeten Mofas, Mokicks und Kleinkrafträder, stellten neue Modelle vor und informierten allgemein über Markt und Szene.

Heute sind die 50er der 70er wieder angesagter denn je; die Jungs und Mädels von damals, heute gestandene Persönlichkeiten, interessieren sich wieder für die Fahrzeuge ihrer Jugendzeit. Entweder will man sich mit dem gleichen Fahrzeug, das man einst schon mal besessen hatte, ein Stück Jugend zurückholen, oder man kann sich endlich den Traum erfüllen, für den damals das nötige Kleingeld fehlte. Oder beides! Und so eine 50er zu restaurieren, ist ein äußerst befriedigender Zeitvertreib. Auch ich weiß genau, wovon ich schreibe. Von meinem 15. Lebensjahr an habe ich 15 Jahre lang fast täglich auf einem Moped oder Mokick gesessen, privat wie beruflich, und inzwischen das eine oder andere Schätzchen wieder zurückgeholt.

Deshalb bereitete es mir auch besonderen Spaß, ein Buch über die 50er der 70er Jahre zu verfassen. »Jungs, Eure 50er«, nach der alten »Motorrad«-Schlagzeile benannt, wurde ein sehr großer Erfolg. Viele Faktoren sprachen dafür, noch einen Ergänzungsband folgen zu lassen. Zum einen soll der (wenigen) Kritik des ersten Bandes Rechnung getragen werden. Der oder die eine vermisste sein oder ihr Lieblingsfahrzeug, war mit der Kapiteleinteilung oder den Fahrzeuggewichtungen nicht zufrieden. Zum anderen – und das ist mein schlagendes Argument – gibt es noch vieles anzumerken und zu ergänzen und auch noch wunderbares Bildmaterial zu veröffentlichen, dass schon allein deshalb ein Nachfolgeband unumgänglich war. So wünsche ich also aufs Neue viel Spaß beim Lesen, Blättern und beim Schwelgen in Erinnerungen. Jetzt erst recht!

Frank Rönicke

Mofaboom und Mopedflaute

Mit der Geburt des Mopeds war dessen Schöpfern ein genialer Schachzug geglückt. Weder vorher noch nachher in der Geschichte des Kraftfahrzeugbaus gelang es einer Fahrzeuggattung, innerhalb weniger Jahre ein solches Millionenpublikum zu gewinnen. Und kaum ein Motorfahrzeug hat in kürzester Zeit so rasante Entwicklungssprünge gemacht wie das Moped, die dann allerdings auch zu seinem Problem werden sollten. Denn aus dem einfachen, anfangs noch sehr fahrradähnlichen Einpersonen-Transportmittel entwickelte sich das Moped mittels leistungsgesteigerter Motoren, Mehrganggetrieben, kleineren Rädern, verbesserten Federungen, Doppelsitzbänken usw. immer mehr von sich selbst weg und ähnelte bald einem sportlichen Motorrad. Zu Beginn der sechziger Jahre war das klassische Moped nahezu ausgestorben. Und damit der preiswerte Einstieg in die Motorisierung, wie ihn seine Protagonisten zehn Jahre zuvor noch angestrebt hatten. Als die Hersteller merkten, dass es ihr einfaches Moped praktisch nicht mehr gab, ein Absatzmarkt dafür aber auch jenseits der jugendlichen Mokick- und Kleinkraftradfahrer vorhanden war, blieb ihnen nichts weiter übrig, als das Moped noch einmal neu zu erfinden. Nur hieß es jetzt Mofa! Diese Bezeichnung, hatte es bis in die fünfziger Jahre hinein schon einmal für pedalisierte Leichtmotorräder mit 98er Sachs- oder Ilo-Motor gegeben, bevor diese von den damals neuen Mopeds abgelöst worden waren.

Die Schweizer waren nicht nur die Erfinder des modernen Mofas, sie bauten auch selbst welche. So etwa das Modell Mondia der Firma Jeker, Haefeli & Cie.AG von 1971.

Die Flory 32 ersetzte bei Kreidler 1979 das Mofa MF 2 mit 2-Gang-Automatik. Ende der 70er Jahre boten die Kornwestheimer sechs verschiedene Mofa-Typen an.

Der Spiegel macht den Unterschied! Das DKW-Moped 513 mit 2-Gang-Handschaltung (Bild) war ansonsten vom Mofa 511 mit 1-Gang-Automatik zu unterscheiden.

Das MS 25 von Puch aus dem Jahr 1966 war ein typischer Vertreter der ersten Mofa-Generation. Es blieb in verschiedenen Ausführungen bis 1981 im Programm.

Auch der Puch-Konkurrent KTM stieg mit viel Elan ins Mofa-Geschäft ein. Das Modell Hobby 3 mit 1-Gang-Automatik von 1974 gab es serienmäßig mit Beinschutz.

DAS MOFA DER NEUZEIT

Den Anfang machte 1961 die Schweiz. Die Regierung von Töff-Land führte eine Regelung ein, wonach Zweiradfahrzeuge mit einer Höchstgeschwindigkeit von 30 km/h und einem Maximalgewicht von 40 kg steuer- und führerscheinfrei ab 14 Jahren gefahren werden durften.

In Deutschland sprach man ab 1965 offiziell vom »Mofa« als Abkürzung von »Motorfahrrad«. Und damit es keine Verwechslungen gab, wurde noch der Zusatz »25« in die neue Klassenbezeichnung mit aufgenommen und damit gleich die gesetzlich festgelegte Höchstgeschwindigkeit genannt. Höchstens 50 cm³ Hubraum waren natürlich ebenfalls obligatorisch. Ein solches Fahrzeug durfte in Deutschland jetzt wieder ab 15 Jahren und ohne Führerschein gefahren werden.

1969 trat Puch mit dem Modell »Maxi« in ein neues Mofa-Zeitalter ein – mit Tankrahmen, aber ohne Hinterradfederung.

Auch das »Maxi L von Puch« gab es als Mofa oder Moped. Für Letzteres war in Deutschland der Spiegel Pflicht.

Das Zündapp-Mofa ZD 20 gab es in gleicher Optik auch als Moped mit der Bezeichnung ZD 30.

Rohrrahmen mit aufgesetztem Tank und Hinterradfederung: Die Kreidler-Mofas MF 2 und MF 2 CL von 1973.

Mofas waren zulassungs- und steuerfrei und benötigten auch keine regelmäßige TÜV-Überprüfung. Eine Haftpflichtversicherung musste jedoch abgeschlossen und ein entsprechendes Kennzeichen an der Mofa-Rückseite getragen werden.

Rechtlich gab es die Mofa-Kategorie in der DDR nicht; das Simson SL1 wurde regulär als führerscheinpflichtiges Fahrrad mit Hilfsmotor eingestuft, der Verkaufserfolg blieb nicht zuletzt deshalb aus.

MOFA ODER MOPED?

Wer größere Ansprüche an sein Fahrzeug stellte und 16 Jahre alt war, durfte in Deutschland ein Moped fahren, sofern er oder sie den Führerschein der Klasse 5 erworben hatte. Der war sehr einfach zu bekommen, es gab lediglich eine einfache Fragebogenprüfung über Verkehrsfragen – keinen Fahrschulbesuch, keine Fahrprüfung!

Wie die Mofas waren auch die Mopeds zulassungs- sowie steuerfrei und brauchten keinen TÜV. Eine Haftpflichtversicherung war notwendig, das entsprechende Kennzeichen musste am Fahrzeugheck angebracht werden.

Puch-Konkurrent KTM stieg mit viel Elan in das Geschäft mit den Mofas ein. Beim KTM Hobby 3 mit Eingang-Automatik war der Beinschutz serienmäßig.

In der DDR nannte man alle 50er Mopeds. Das galt auch für die bis 1974 gebaute Simson SR 4-2/1 »Star«, die eigentlich ein Mokick war.

Fahrer des von 1970 bis 1972 in der DDR gebauten Simson SL 1 mussten wegen staatlicher Preisvorgaben auf jeglichen Komfort verzichten.

In der DDR war das letzte Moped mit Pedalen, der »Spatz« von Simson, 1967 vom Band gelaufen. Aber es spielte keine Rolle: In der DDR durften alle 50-cm³-Fahrzeuge – mit Ausnahme der Sperber – ab rinrm Alter von 15 Jahren und nach dem Erwerb des »Mopedführerscheins« gefahren werden. Die theoretische und die praktische Prüfung dazu waren leicht zu bewältigen.

MOFA INTERNATIONAL

Das Mofa 25 blieb ein deutsches Phänomen, nur in der Schweiz galt noch viele Jahrzehnte lang eine ähnliche Regelung. »Töffli« nannten die Eidgenossen ihre Mofas mit der 30 km/h-Regelung. Viele internationale Hersteller motorisierter Zweiräder stürzten sich auf diese Märkte, suchten sich bei den Ausstattungen zu über- und bei den Preisen zu unterbieten.

Der italienische Piaggio-Konzern hatte in den 70er Jahren mit seiner Marke Vespa drei Mofa-Typen auf dem Markt – hier das »Ciao« als Einstiegsmodell ohne Hinterradfederung und mit Kurzschwinge vorn.

Die »Bravo« war der Allrounder unter den Vespa-Mofas mit den besten Federungseigenschaften. Zur Beliebtheit der Ciao-Mofas trug allerdings bei, dass diese über einen wartungsfreien Riemenantrieb verfügte. Das Gesaue mit dem Kettenfett entfiel.

Ein massiver Pressstahl-Tankrahmen und die kurze Telegabel waren Merkmale der Vespa Boxer, die auch als Moped lieferbar war.

Hercules M 5 hieß das erste Mofa, das den neuen Sachs-Motor mit Einkettenantrieb besaß, im Bild das Modell M 5S mit 2-Gang-Motor von 1977.

Noch ein Trend der 70er Jahre: Easy Rider als Mofa, wie das DKW »Hobby Rider 633«…

Etwa zur gleichen Zeit propagierte Hercules sein »Sicherheits-Mofa«, das es ab Ende 1978 als Typ Prima S auch zu kaufen gab.

…oder das Zündapp Automatik-Mofa »High-Riser«.

Hercules HOBBY RIDER HR 2

Ein Mofa mit einem Aussehen, das Aufsehen erregt.

Die sportliche Linie ist der Technik angepaßt. Nach unten gebogener Lenker nach dem Vorbild der Chopper, hochgezogener Sportauspuff, Sturzbügel, Alu-Druckguß-Laufräder und Sitzbank – ein Styling, das dem HOBBY RIDER seine besondere Rasse verleiht.

Der robuste, handgeschaltete SACHS-2-Gang-Motor beschleunigt rasant und hält die Geschwindigkeit auch bergauf.

Der hochgezogene Sportauspuff unterstreicht das spritzige Styling.

Technische Daten – Hobby-Rider HR 2

Motor:	SACHS 505/2 B, Ausf. A Einzylinder-Zweitakt, luftgekühlt
Hubraum:	47 cm^3
Bohrung/Hub:	38/42 mm
Leistung:	1,1 kW (1,5 PS) bei 4000 min^{-1} (U/min.)
Max. Drehmoment:	3,2 Nm (0,32 kpm) bei 2900 min^{-1} (U/min.)
Getriebe:	2-Gang-Handschaltung
Zündung:	Magnetzündgenerator 6 V/17 W
Lichtanlage:	Scheinwerfer-Lichtaustritt ∅ 114, 6 V/15 W Rücklicht 6 V/2 W
Fahrwerk:	Zentralrohrrahmen
Federung:	vorn: Telegabel, Federweg 60 mm hinten: Schwinge mit Federbeinen, Federweg 55 mm
Räder:	Alu-Druckgußräder 16''
Bremsen:	Trommelbremsen ∅ 90
Bereifung:	2¼–6
Leergewicht:	53 kg
zul. Gesamtgew.:	160 kg
Tankinhalt/Reserve:	4 l/0,8 l
Normverbrauch:	1,6 l/100 km
Höchstgeschw.:	25 km/h
Steigfähigkeit:	27 %
Farben:	silber, jaffaorange
Serienmäßige Ausstattung:	hochgezogener Sportauspuff, Sitzbank, großer Tachometer, Gepäckträger mit Packtaschenbügel, Sturzbügel
Fahrerlaubnis:	Ab 15 Jahre, Prüfbescheinigung (wer das 15. Lebensjahr vor dem 1. 4. 80 vollendet hatte, benötigt keine Prüfbescheinigung), Führerschein Klassen 1 bis 5

silber

Gab's natürlich auch mit Hercules-Logo und in gediegenem Silber: Das Mofa für Easy-Rider-Fans.

Führerscheinfrei ab 15 – das galt auch für die Camino-Mofas von Honda. Camino-Mofas galten, ähnlich den Piaggio-Ciao-Mofas, als typische Mädchen-Maschinen.

Honda stieg erst 1977 in den deutschen Mofa-Markt ein. Gegen die etablierte Konkurrenz hatten es die Japaner allerdings schwer.

Auch wenn Honda das Camino-Angebot stark ausbaute: Auf den Schulhöfen waren sie selten zu finden. Erst in den Achtzigern sah man sie, mangels Konkurrenz, häufiger.

Marktführer war lange Zeit die österreichische Marke Puch, obwohl es in Austria keine Mofas im bekannten Sinne gab. Hier war alles, was nicht schneller als 40 km/h fuhr und nicht mehr als 50 cm³ aufwies, ein »Moped«, alles, was darüber lag, ein Motorrad. Aber aus den für Deutschland oder die Schweiz gebauten Mofas ließen sich natürlich auch leicht Mopeds oder Mokicks machen – das war nur eine Frage der Motorisierung und gegebenenfalls der Verstärkung des Fahrwerks. Sehr viele Mofa-Modelle gab es so gleichzeitig als Moped, oder – je nach länderspezifischen Vorschriften – auch als Mokick. Pedale oder Kickstarter entschieden diese Frage und ein Rückspiegel war in Deutschland oberhalb der Mofaklasse vorgeschrieben.

BAUARTEN UND ENTWICKLUNGSTENDENZEN

Die Mofa-Technik- und Entwicklungsgeschichte verlief ähnlich wie die des Mopeds. In den 70er Jahren gab es zwei Rahmengrundtypen: Den Tankrahmen, aus Blechpressteilen zusammengeschweißt, in dem Tank und Luftansaugung integriert waren und den Rohrrahmen mit aufgesetztem Tank. Eine Vorderradfederung war Pflicht, die Hinterradschwinge mit Federbeinen blieb noch lange den teureren Modellen vorbehalten. Antriebsquellen waren 1-Gang-Automatik-Triebwerke oder 2-Gang-Motoren mit Drehgriffschaltung. Da die Fortbewegung auch mit Pedalkraft möglich sein musste, gab es lange zwei getrennte Antriebsstränge (Ketten) zum Hinterrad. 1974 brachte Fichtel & Sachs in Schweinfurt mit dem Modell 505

Ende der 70er Jahre kamen Sportmofas groß in Mode. Das Rixe-Modell R 503 mit 1-Gang-Automatik gehörte ab 1978 dazu. (Foto: Tim Plocher)

einen neuen Motor heraus, der den Mofa-Antrieb revolutionierte. Erstmals gab es eine integrierte Tretlager- und Kickstartereinrichtung, die eine zweite Antriebskette zum Hinterrad überflüssig machte. Man sprach von der »Einkettenausführung«, von der erstmals das Hercules-Mofa M 5 profitierte.

In der Ausstattung der Mofas waren kaum Grenzen gesetzt: Einpersonensitzbank oder Schwingsattel, Rücktritt- oder Seilzugbremse, mit oder ohne Tacho, ein, zwei oder drei Gepäckträger usw. In der zweiten Hälfte der 70er Jahre kamen unter anderem Leichtmetall-Druckgussfelgen, »Cockpits« mit oder ohne Lampenverkleidung, offene Federbeine, Faltenbälge an der Telegabel und Blinkanlagen in Mode.

Und mit den Sportmofas kam eine ganz neue Variante dieser Fahrzeuggattung auf den Markt. Die sahen nun den Kleinkrafträdern sehr ähnlich, die wiederum ja dem echten Motorrad nacheiferten. Drei Getriebegänge mussten es jetzt sein, gerne auch eine Sitzbank (nach wie vor für eine Person) mit Bürzel und Heckspoiler. Ein Cockpit mit Drehzahlmesser sowieso (wir sind immer noch bei maximal 25 km/h) und Ende der 70er Jahre auch gern eine Sportverkleidung.

1979 wurden allein in Deutschland noch 165.000 neue Mofas an den Mann, die Frau und die jugendliche Klientel gebracht. ETH Zürch, Bildarchiv, CC-BY-Sa 4.0)

Nicht vergessen wollen wir hier die City-Bikes, Mini-Mofas mit 9-Zoll-Rädern oder die Hobby-Rider mit 2-Gang-Schaltung und Easy-Rider-Feeling: Mofas waren angesagt in den 70ern. 1970 fuhren rund zweieinhalb Millionen Mofas auf deutschen Straßen, und auf dem Höhepunkt des Booms 1973 boten 23 Hersteller und Importeure 155 Mofa- und Mopedmodelle an. 326.000 Maschinen wurden in jenem Jahr verkauft, und auch wenn die Nachfrage dann sank, war die Nachfrage groß: 1979 wurden allein in Deutschland noch 165.000 neue Mofas an den Mann, die Frau und die jugendliche Klientel gebracht.

Die unsinnigste aller Mofa-Entwicklungen erschien Anfang der Achtziger, zu einer Zeit, als der Mofa-Boom seinen Zenit überschritten hatte. Es blieb Yamaha vorbehalten, einen Schlusspunkt unter diese Ära zu setzen. Das erste und bislang auch einzige Mofa der Marke tauchte nur in den Preislisten des Jahres 1984 auf. Es erinnerte an Hondas »Young Camino«-Baureihe und bediente auch dieselbe Zielgruppe. Das flott aussehende Mofa trug die weißrotblaue Livreé der größeren RD-Modelle, Stollenreifen und eine hochgelegte Auspuffanlage. Mit 1,4 PS und Eingang-Automatik erfüllte die kleinste Yamaha gerademal die Grundbedürfnisse motorisierter Fortbewegung, noch nicht einmal eine Blinkanlage war mit an Bord. Einzigartig aber bleibt die SG 50 Sting wegen ihres Antrieb zum Hinterrad, denn der erfolgte per Kardanwelle. Für dieses technische Highlight rief Yamaha noch nicht einmal 1600 Mark auf, das war kaum Versandhaus-Niveau. Doch sie blieb kaum zwei Jahre im Programm und verschwand so still und unbemerkt, wie sie auch erschienen war.

Kleine Scheibenräder, hoher Lenker: wie Hercules und die Zweirad Union boten viele Mofa-Produzenten sogenannte City-Bikes an.

Erfolg sieht anders aus: Die Yamaha Sting war das einzige Kardan-Mofa auf dem deutschen Markt. Zu sehen war sie aber nie.

Hercules bot in den Achtzigern eine ganze Reihe von Mofas an; dieser Prospekt von 1986 zeigt die ganze Bandbreite. Sie reichte vom traditionellen Sicherheitsmofa bis hin zum gerade neu lancierten Sportmofa. Die Nachfrage stimulierten diese Neuentwicklungen aber nicht.

Kaufhaus oder Versandkatalog?

Waren motorisierte Zweiräder wie eben auch Mofas, Mokicks und Kleinkrafträder in Deutschland bis weit in die 60er Jahre hinein allein vom Fachhandel in den Markt gebracht worden, erwuchs zum Ende des Jahrzehnts hin mit den großen Versand- und Kaufhäusern eine harte Konkurrenz. Das hatte auch mit dem Niedergang der Motorradindustrie seit Mitte der 50er Jahre zu tun, die den Fachhandel mehr und mehr ausdünnte. Bis auf die Vertretungen der noch übrig gebliebenen großen deutschen Marken gab es Ende der 60er Jahre nur noch wenige Spezialisten, meist kleine Werkstätten, die sich noch mit dem motorisierten Zweirad beschäftigten. Doch leben konnten sie davon meist nicht, daher konnte man dort auf Fahrräder und Zubehör, mitunter aber auch Nähmaschinen finden. Und der neue Motorradboom zeichnete sich gerade erst ganz schwach am Horizont ab.

So kamen Mofas und Mopeds nach und nach in die Versand- und Kaufhäuser, später auch in die Baumärkte, und noch existierende Zweiradhändler wurden zu deren Servicedienstleistern degradiert, die sich mit den Reparaturen der verschiedensten Marken über Wasser hielten.

NECKERMANN

Der 1948 von Josef Neckermann gegründete Versandhandel belieferte ab 1966 von Frankfurt am Main aus polnische Condor-Mofas und -Mopeds und ab 1968 italienische Mosquito-Motoren in drei verschiedenen Fahrgestellen. Zwei davon waren Klappfahrzeuge: Ein Klappfahrrad-Rahmen, genannt Super-Mosquito in Faltausführung, mit 20-Zoll-Bereifung und mit dem 38,5cm³-Motor sowie das winzige, kuriose City-Bike, auch Miniped genannt, mit 34cm³-Motor. Zwischen 1966 und 1972 wurden etwa 3000 Falt-Mosquitos verkauft, vom Miniped zwischen 1971 und 1973 wesentlich weniger.

Weiterhin waren diverse 50er von Jawa und Simson im Versandkatalog zu finden. Als Hauptmarke entwickelte sich aber sehr schnell Garelli aus Italien. Tatsächlich wurde die Marke hierzulande erst bekannt, als die Firma durch den Vertrieb mit dem Neckermann-Versand in den deutschen Zweirad-Markt vordrang. Die wohl in Deutschland bekanntesten Zweiräder von Garelli hießen Bonanza, Monza und Rekord. Die Bonanza war etwa so groß wie eine Honda Dax; es gab sie als Mofa, Moped und Mokick. Durch die kompakte Bauform waren die Bonanzas beliebt bei Campern und Wohnmobilbesitzern, da man den Lenker mit wenigen Handgriffen platzsparend zum Transport umklappen konnte. Die Kleinkrafträder Monza

Vom 38-cm³-Mofa »Mosquito« bis zum Kleinkraftrad von Garelli bot Neckermann zu Beginn der 70er Jahre schon die ganze Bandbreite der Zweiräder bis 50 cm³ an.

Minibikes waren zu Beginn der 70er Jahre groß in Mode. Neckermann bot das Modell »Bonanza« von Garelli anfänglich als Mofa und Moped an.

Neckermann machts möglich: Den »Spatz« von Simson gab es 1970 zum unschlagbaren Preis. Der Erfolg blieb hier trotzdem aus.

Im typisch italienischen Stil: Die sportlich gestylten Kleinkrafträder von Garelli verkaufte Neckermann unter der Bezeichnung »Monza« zu einem Spottpreis.

und Rekord waren besonders bei Jugendlichen beliebt, da sie durch den günstigeren Verkaufspreis erschwinglich waren.

1978 brachte Garelli dann die deutschen Kleinkraftradhersteller in Bedrängnis, als in den Katalogen von Neckermann das Modell Rekord-Nürburg mit 7 PS auftauchte. Die deutschen Hersteller hatten sich bekanntermaßen darauf geeinigt, die Motorleistung von Kleinkrafträdern auf 6,25 PS zu begrenzen. Nach 1978 hielten die sich dann auch nicht mehr daran, was zum noch schnelleren Tod der Klasse führte.

Wegen der niedrigen Verkaufspreise und den Vertrieb durch Neckermann wurden die Garellis immer als »Billigware, die nicht viel taugt« abgestempelt, was aber nicht den Tatsachen entsprach. Gleichwohl: Günstig waren sie: 1973 betrug der Preis für das 6,3-PS-Kleinkraftrad Monza RS DM 1475,-. Vergleichbare Zündapp/Kreidler-Modelle waren mindestens 300 bis 400 Mark teurer.

QUELLE

Das Versandhandelsunternehmen wurde am 26. Oktober 1927 von Gustav Schickedanz in Fürth gegründet. Nach dem Vorbild von Neckermann begann man Anfang der 70er Jahre unter der Bezeichnung »Privileg« Mofas und Mopeds des holländischen Herstellers Batavus zu verkaufen. Privileg war seit 1964 eine Quelle-eigene Marke vor allem für Haushalts- und Küchengeräte, aber auch für Bürogeräte wie Schreibmaschinen und Taschenrechner. Das schien für die angestrebte junge Klientel aber doch zu bieder, so dass die motorisierten Zweiräder bald unter dem Markennamen »Mars« ausgeliefert wurden. Da Quelle auch über eigene Kaufhäuser ver-

Erst mal sehen was Quelle hat: Ein Mofa der frühen 70er Jahre, das unter dem Eigennamen »Privileg« angeboten wurde. »Anker-Laura« auf dem Motordeckel weißt auf den Hersteller Batavus hin.

Die Mars-Mofas aus dem Jahre 1974. »Luxus« (links) stand hier vor allem für die Hinterradschwinge, auf die das Modell »Komfort« verzichten musste.

Quelle bot das Solo-Elektromofa unter der Bezeichnung »Mars electra« an. Zu dieser Zeit noch zu fortschrittlich und mit Skepsis bedacht.

fügte, konnten dort Mofas und Mopeds direkt angeboten werden. Die Mars-Reihe wurden vom Zweirad- und Motorenhersteller Solo aus dem schwäbischen Sindelfingen gebaut. Bis auf die Tankaufkleber waren die Modelle mit den von Solo selbst vertriebenen Maschinen vollkommen baugleich. Da auch Quelle die Fahrzeuge nebenbei unter dem Namen »Solo« vertrieb, konnte man für Kaufhausverhältnisse eine sehr breite Palette – auch Mokicks waren darunter – anbieten. Schlagzeilen machten Solo und Quelle mit den ab 1972 angebotenen Elektro-Mofas, die allerdings – ihrer Zeit weit voraus – wenig Zuspruch fanden, mit dem drei Jahre später eingeführten, ersten und einzigen Mofa-Motor mit Wasserkühlung (wer immer das bei 1,75 PS und 25 km/h auch brauchte) und mit der 1976 vorgestellten »solomatic«, einer speziellen Zweigangschaltung.

Zeitweise waren auch tschechische Jawa-Mofas im Quelle-Programm zu finden.

Die »Mars«-Mofas stammten aus dem schwäbischen Maichingen, doch selbst im Quelle-Katalog tauchte der »Solo«-Schriftzug auf. Die innovative Wasserkühlung indes setzte sich unter keinem Namen durch.

Die Mars-Maschinen waren auch unter der Originalbezeichnung des Sindelfinger Herstellers »Solo« zu haben.

KARSTADT, KAUFHOF, HORTEN

Kaufhäuser hatten in den 70er Jahren immer noch Hochkonjunktur, niemand ahnte etwas vom Internethandel, und in den Fußgängerzonen der Innenstädte tummelten sich die Konsumenten.

Nach dem Beispiel der Versandhäuser nahmen bald auch die großen Warenhäuser 50-cm³-Maschinen in das Programm auf. Anfangs standen vor allem Mofas und Mopeds im Sortiment. Dabei fuhr man in den ersten Jahren zweigleisig: Neben den Mofas des italienischen Herstellers Peripoli, dessen Produkte unter dem Markennamen »Giulietta« bekannt waren, setzten die großen drei vor allem auf die Maschinen des holländischen Produzenten Batavus, die sich hier nun unter dem Markennamen »Starflite« etablierten. 1970/71 noch ausschließlich Mofas und Mopeds anbietend, kam 1973 mit dem Modell Starflite GTM das erste Mokick mit 2,9 PS und Viergangetriebe ins Programm. Und im Jahr darauf das Kleinkraftrad Starflite GTS, mit Fünfgang-Sachs-Motor, Marzocchi-Telegabel und Magura-Armaturen – ein ernst zu nehmender Konkurrent für Kreidler, Zündapp und Co.

Unzählige Mofa-Modelle des holländischen Herstellers Batavus boten Karstadt und Co in den 70er Jahren unter der Bezeichnung »Starflite« an. Dabei gab es die Bronco-Reihe mit…

…oder ohne Hinterradfederung.

Für die deutschen Warenhäuser fertigten in erster Linie Garelli und Batavus, hier ein Gesamtprospekt von 1970/71. Das »Starflite«-Programm umfasste aber nur einen Teil des Gesamtangebots der Holländer.

Ab 1973 boten die Kaufhäuser das Mokick Starflite GTM an, das in den Folgejahren stetig – vor allem optisch – weiter entwickelt wurde.

Selbst Hondas berühmte fand sich im Sortiment der Warenhäuser, zumindest in der Mokick-Version.

Das galt auch für das Topmodell der Starflite-Flotte, dem Kleinkraftrad GTS.

HERTIE

Neben den oben aufgeführten Fahrzeugen, die von Karstadt, Kaufhof und Horten angeboten wurden, also hauptsächlich die Starflite-Maschinen des holländischen Herstellers Batavus, scheute sich Hertie auch nicht, kleine Fahrzeuge großer Namen zu vertreiben. So tauchten 1972 Mofas und Mopeds von Moto Guzzi bei Hertie auf, die auch als Trotter 25 oder Trotter 40 angeboten wurden. Und ab 1974 war auch die berühmte »Dax« von Honda in der Mokickversion in den Hertie-Kaufhäusern zu finden.

Unter dem Begriff »Condor« vertrieb der Frankfurter Kaufhaus-Konzern zum Ende der 70er Jahre hin dann auch Mofas der Firma Kynast aus Quakenbrück. Technisch waren diese, nicht zuletzt durch Verwendung des millionenfach bewährten Sachs-Motors, an die entsprechenden Modelle von Hercules angelehnt. Angeboten wurden eine Standard- und eine Luxusausführung mit Gussfelgen und 2-Gang Motor. Wenn es etwas billiger sein musste, verwendete Kynast auch Motoren des italienischen Herstellers Minarelli.

Trotter 25 nannte sich das einfachste Mofa von Moto Guzzi ohne Hinterradfederung, das so auch von Hertie angeboten wurde.

Mokicks – 50er mit Vernunft?

Als der Gesetzgeber ab 1960 einen Führerschein für das Moped forderte, ließ das Interesse am pedalisierten Motorrad spürbar nach. Da halfen auch die tollen Sportmopeds, mit dem »Mars Monza« an der Spitze, die wie kleine italienische Straßenrennmaschinen mit Pedalen aussahen, nichts mehr. Das Moped hatte sich nicht zuletzt mit solchen Fahrzeugen ad absurdum geführt und musste sich mit den bald aufkommenden Mofas erst wieder neu erfinden.

Die Hersteller konterten mit einer »Mopedversion«, bei der Fußrasten und ein Kickstarter die Pedale ersetzten. Gesetzlich machte das keinen Unterschied – aus dem Moped wurde das Mokick, die Geschwindigkeitsbegrenzung blieb bei 40 km/h. So kam es, dass die meisten übrig gebliebenen Hersteller nach 1960 aus einem Baukastensystem heraus ohne viel Aufwand ein Moped, ein Mokick und ein Kleinkraftrad mit nahezu identischem Fahrwerk und einem nur in seiner Leistung und den Getriebeabstufungen geänderten Motor anbieten konnten.

Ein Mokick wie ein Kleinkraftrad: Die C 50 Sport sah zwar fast aus wie ein Zündapp-KS-Modell, musste aber noch mit einer Gebläsekühlung und drei Getriebegängen auskommen.

Ein Mokick wie ein Moped: Mit der Super Combinette (C 50 Super) warb Zündapp ab 1968 um das gestandene Publikum.

Der Baukasten machte es möglich: Mit geringen Änderungen konnte Zündapp aus nahezu baugleichen Komponenten ein Mofa, Moped oder das Mokick ZD 40 fertigen.

Genauso verhielt es sich auch bei der Kreidler Florett LF, die bis 1972 in Kornwestheim gebaut wurde.

MOKICK-ENTWICKLUNG

Zu Beginn der 1960er Jahre waren die optischen Unterschiede zwischen Moped, Mokick und Kleinkraftrad noch marginal. Das sollte sich jedoch bald ändern. Denn während sich Mofa und Moped immer mehr anglichen und letztlich kaum mehr voneinander zu unterscheiden waren, so orientierte sich das Erscheinungsbild der Mokicks indessen an der Entwicklung der Kleinkrafträder, ging also immer weiter in Richtung der großen Motorräder. Spätestens zur Mitte der 1960er waren – vom Triebwerk abgesehen – Mokicks und Kleinkrafträder der gleichen Marken optisch nur noch durch das Triebwerk zu unterscheiden. Das Mokick entsprach nun mit Kickstarter und Fußrasten äußerlich dem Kleinkraftrad. Sofern auch noch identische Triebwerke Verwendung fanden, blieben Vergaser und Auspuff wie beim Moped zugeschnürt und auch die Hinterradübersetzung trug zur Geschwindigkeitsreduzierung auf 40 km/h bei.

Die mit Sachs-Motor ausgestatteten Nürnberger Mokicks von Hercules und der Zweirad Union (im Bild die DKW 139 S) warteten Ende der 60er Jahre schon mit einem Vierganggetriebe auf.

Die österreichische Mopedregelung verleitete KTM ab 1973 zum Bau einer ganzen Armada von 50ern, die in Deutschland als Mokick galten, darunter die Comet 500 S mit zwangsgekühltem Puch-Motor …

… oder die KTM Comet GT 50, die sich optisch mehr in Richtung Kleinkraftrad orientierte.

Auspuff und Lenker hoch, fertig war die Comet Cross Super. Alle KTM-Mokicks wurden von einem Puch-Motor mit Vierganggetriebe befeuert.

Auch Puch selbst profitierte in den 70er Jahren mit einer ganzen Mokick-Reihe vom österreichischen Mopedboom. Etwa mit der Monza 4 S von 1976.

Bis 1977 baute Kreidler das Dreigang-Mokick Florett LF/LH mit 13-Liter-Tank, altem Lampentopf und Gebläsekühlung als Einstiegsmodell.

Exportmodell: Kreidler Florett CM mit alter Lampe, aber bereits mit fahrtwindgekühltem Motor.

DIE MOKICKS IN DEN 70ERN

In den 1970er Jahren verlief die Mokickentwicklung mehrgleisig. Der eine Entwicklungsstrang für zu Maschinen, welche sich immer näher an die Kleinkrafträder anlehnten, bis sie von diesen nicht mehr zu unterscheiden waren. Gedacht waren diese für diejenigen, die den Preiswahnsinn nicht mitmachen wollten oder konnten. Zwar waren am Ende die sportlichen Mokicks nur unwesentlich preiswerter als ein Kleinkraftrad, aber die Versicherungsprämie war wesentlich günstiger: Kostete die Versicherung einer offenen 50er 1977 rund 800 D-Mark, musste man für ein Mokick nur 80 Mark hinblättern.

Bei den Kleinkrafträdern praktisch nicht vorhanden, tauchten in der zweiten Hälfte der Siebziger auf den Schulhöfen der Republik vermehrt Mokicks japanischen Ursprungs auf. Das lag, einerseits, am Durchmarsch der japanischen Motorradmarken und dem damit einher gehenden dichten Händlernetz, andererseits am Preis: Japanische Mokicks waren voll ausgestattet, aber wesentlich günstiger als jede deutsche 50er.

Bis Ende der Siebziger hatte jeder Anbieter von Mofas und Mopeds auch Mokicks im Programm, so auch Solo.

Die inzwischen zum Piaggio-Konzern gehörende Marke Gilera bot 1977 mit der »50 Touring« ein schickes Mokick an, das auf Vernunft setzte und auf Protz verzichtete.

Das Mokick Van Van 50 von Suzuki setzte 1974 die Ära der Spaßbikes fort, die japanische Hersteller schon Ende der 60er Jahre eingeführt hatten.

Mokicks boten Honda, Suzuki und Yamaha an, wobei Marktführer Honda mit seinen Viertaktern eine Außenseiterrolle spielte. Zu den größten Nachteilen der CB 50 J, zumindest aus damaliger Sicht, gehörte vor allem deren Leistungsschwäche, mit Motorleistungen auf Mofa-Niveau hatte man bei jeder Tour gegenüber den Kumpels mit ihren Zweitaktern das Nachsehen. Und dann durfte noch niemand auf dem Soziussitz mitfahren wollen. Mit 2 PS bei 5000 Umdrehungen blieb dem Honda-Piloten lediglich die Möglichkeit, an der Zweitaktfahne der Vorausfahrenden zu schnuppern. Das 87 Kilogramm schwere Mokick ließ sich recht viel Zeit, um die gesetzlich limitierte Spitze von 40 km/h zu erreichen. Und am Berg, erst recht im Soziusbetrieb, verhungerte die kleine Honda endgültig. Und weil es sich um einen Viertakter handelte, konnten noch nicht einmal irgendwelche Frisierkünstler der Honda großartig Beine machen. Dafür allerdings bot sie die Ausstattung einer Großen – und das sanfte Tuckern eines kultivierten Viertakters, das so viel angenehmer klang als das helle Kreischen von Kreidler, Zündapp und Co. Der stehende Einzylinder-Motor fand sich auch beim praktisch unverkäuflichen Mokick XL 50. Bei dieser »Enduro« durfte sowieso niemand hintendrauf mitfahren – vielleicht ganz gut so, denn die war nochmal um 0,5 PS schwächer als die lethargische CB 50 J. Und dann gab es noch die CY 50, die eigentlich die Honda Dax hätte ablösen sollen. »Der neue Frechdax« mit seinen Ballonreifen der Dimension 5.40-10 war allerdings kein Minibike mehr, das sich im Kofferraum transportieren ließ, dazu war sie mit 87 kg zu schwer. Die Dax-Ablösung hat die CY nie geschafft, wahrscheinlich wirkte sie eher peinlich als cool.

Suzuki kämpfte in der zweiten Hälfte der Siebziger mit großen Schwierigkeiten: Ein unseriöser Importeur, zu starke Konkurrenz, zu viele Modelle, überforderte Händler – kein Wunder, dass die GT 50 in diesem Wirrwarr unter ging.

Ein bisschen Mokick, aber nichts Revolutionäres, fand sich auch noch im Suzuki-Programm der späten Siebziger und frühen Achtziger. Getrenntschmierung, Blinkanlage, Leerlaufanzeige, Fünfganggetriebe und Gussräder, wie sie die GT 50 aufwies, waren Standard für die Japan-Mokicks. Das galt leider auch für die unterdurchschnittliche Motorleistung. Dafür stimmte inzwischen meist die Optik: Die X1 E von Suzuki, erschienen 1978, gab sich redlich Mühe, wie ein Motorrad auszusehen. Im Design den neuen Zweitakt-Maschinen des Herstellers angeglichen, schöpfte dieses Mokick nun endlich den gesetzlich erlaubten Spielraum in Sachen Motorleistung voll aus. Darauf hat man dann im Prospekt auch explizit hingewiesen: »Sie hat als Führerschein-V-Maschine mit 50 ccm und 2,9 PS die höchstzulässige Leistung. Mit ihr werden Steigungen von 24 Prozent zu zweit mühelos bewältigt.« In Anzeigen drehten die Werber dann so richtig auf, der gewollt anbiedernde Kumpelton wirkte allerdings schon damals nur komisch. »Einsteigermaschine, die Euch zum Aufsteiger stempelt. Ausgereifte Technik, mokickgerecht verpackt, genug, um Größeren die Schau zu stehlen. Solide 2,8 PS. Optimal abgestuftes Fünfganggetriebe. Zusammen ein Leistungspaket, das Gegner sucht. Drumherum gibt's Suzuki-typisches Design. Ihr wisst ja: Anderen die Schau gestohlen.« Die plump-vertrauliche Anmache zog jedenfalls nicht: Auch wenn die X-1 dank 18-Zoll-Rädern anstelle der bisherigen 17-Zöller deutlich erwachsener wirkte, blieben die Verkaufszahlen unbefriedigend.

Spitzenreiter unter den Fernost-Mokicks war zweifelsohne Yamaha. Seit 1973 hatte Japans zweitgrößter Motorradhersteller Mokicks im Angebot. Die FS-1G zum Beispiel von 1973 war die kleinste, leichteste und preisgünstigste Yamaha im Programm. Das Mokick hatte eine lange Ahnen-Reihe und ging auf die YF-1 von 1964 zurück, sah aber auch so aus. Wie zu Opas Zeiten hatte die FS-1 noch

In der zweiten Hälfte der 70er Jahre kamen zunehmend Enduro-Mokicks auf den deutschen Markt, befeuert unter anderem vom Erfolg der sehr guten Yamaha TY 50 M

einen Pressblechrahmen, einen völlig missratenen Heckabschluss und ganz viel Luft zwischen Zylinderkopf und Tankunterseite. Diese Kiste mit dem peinlich verchromten Luftfilterdeckel – damit das Ding auch ja auffiel – konnte nie und nimmer mit einem Motorrad verwechselt werden, auch wenn es zahlreiche Features der größeren Yamaha aufwies wie Getrenntschmierung, Blinker und nicht zuletzt die ab 1978 im DX-Modell lieferbare Scheibenbremse. Außerdem war sie trotz der angeblichen 2,8 PS schwach auf der Brust. Die Fahrleistungen fielen dramatisch ab, sobald auch nur der Hauch einer Steigung zu erahnen war. Nicht die Spur einer Chance hatte die 79 Kilogramm schwere FS auch beim Publikum. Mit diesem angestaubten Mokick war – trotz des bis 120 km/h reichenden Tachos – auf dem Schulhof kaum Eindruck zu schinden; und mit Sozius war lediglich bergab die 40-km/h-Marke zu knacken. Das war nicht genug, zumal die Kumpels wussten, dass die FS-1 mit 2000 Mark kaum mehr kostete als ein deutsches Mofa. Image hat eben weniger etwas mit Tradition als vielmehr auch mit dem Geldbeutel zu tun. Viel besser schlug sich dann das RD 50 M von 1978, auch wenn die Leistung von 2,7 PS bei 5000/min noch geringer erschien. Mit 2150 Mark galt die 50er als bestes Mokick der ausgehenden 70er Jahre. In Ausstattung, Verarbeitung, Preis und auch Design sei die RD 50 M schlichtweg »Spitzenklasse«, lobte die Motorradpresse.

1969 brachte Yamaha die erste FS 1 in verschiedenen Versionen auf den Markt. Zu jeder neuen Saison gab es mehr oder weniger große Modellpflegemaßnahmen. Im Bild die FS 1 von 1978.

Ganz anders als bei Suzuki war die Lage bei Yamaha: Japans zweitgrößter Motorradhersteller surfte auf einer Welle des Erfolgs, zu der auch die RD 50 ihren Teil dazu beitrug – zumindest als Mokick, bei den Kleinkrafträdern klappte das weniger.

Dauerbrenner und Kultobjekt: Seit 1971 verkaufte Honda neben der Monkey auch die Dax als Spaßmobil mit Viertaktmotor. Anfangs nur als Kleinkraftrad, ab 1973 auch in der Mokick-Version.

Hercules war der aktivste unter den deutschen 50er-Herstellern und bediente schon Anfang der Siebziger die komplette Bandbreite an Mofas, Mopeds und Mokicks. Hier zu sehen: links das City Bike, in der Mitte das Sport Bike 2 und rechts das Hobby Rider – eine solche Vielfalt hatte die Konkurrenz nicht zu bieten.

Und auch die dritte große Entwicklungslinie im Mokick-Markt der Siebziger fand weitgehend unter Ausschluss der der bundesrepublikanischen Hersteller statt: Spaß- und City-Mokicks kamen in Mode: Knuffige Maschinchen mit kleinen, bulligen Rädern, platzsparenden Maßen, Vier- und Zweitaktmotoren, und lediglich Hercules hatte ein ähnliches Mokick zu bieten. Benelli baute einen äußerst markanten Mini-Crosser, Moto Guzzi die ZIP 50, doch wo gab es schon einen Händler, der so etwas im Angebot hatte? Also blieb auch in dem Fall nur der Weg zum Japaner-Händler.

Tatsächlich versprachen die Honda-Werber (zumindest in den USA) »Fun for everyone«. Die Dax, offiziell ST 50 beziehungsweise ST 70 getauft, verkörperte eine völlig neue Zweirad-Kategorie: Das Fun-Bike mit den Ballonreifen war eigentlich eher für den amerikanischen Markt gedacht, machte aber müde Passanten rund um den Globus mobil. Abgesehen vom Bonsai-Format handelte es sich bei der Honda um ein richtiges kleines Motorrad, mit Dreigang-Automatik und Kickstarter. Der schon aus der SS 50 bekannte Einzylinder-Viertakter mit obenliegender Nockenwelle leistete in der Mokick-Variante 2,1 PS bei 5000/min, das allerdings erst nach 1973. Bei der bis dahin verkauften Dax mit Kleinkraftrad-Zulassung standen 4,5 PS bei 8800 Touren in den Papieren. Alle Dax-Modelle, auch die ST 70 von 1973, hatten den gleichen Pressstahlrahmen und die dicken Zehn-Zoll-Stahlscheibenräder, die in der Mitte geteilt werden konnten. Um den Dax-Verkauf anzukurbeln, koppelte Mitte der 70er Jahre Honda die Abnahme einer Gold Wing an die einer Dax: In jeder Goldwing-Transportkiste, die ein Händler auspackte, war auch eine Dax zu finden. Später allerdings hatte Honda diese Art

Nach dem Erfolg der Modelle Dax und Monkey schob Honda 1977 noch das Modell Z 50 J nach: Ein Mini-Bike, das mit in den Urlaub fährt.

Die Monkey des Jahres 1975 behielt ihre Kofferraumtauglichkeit bei, bot aber in Technik und Optik wesentlich mehr als die bisherigen Affenschaukeln. Im Grunde genommen konnte man sie, sanft modifiziert, auch im neuen Jahrtausend noch kaufen.

1973 gelang Hercules der Einstieg in das Minibike-Segment. Kreidler und Zündapp waren nicht interessiert.

der Lagerbereinigung nicht mehr nötig: der knuffige Geländefloh, der Roller für alle, die keinen Roller fahren wollten, blieb bis 1979 im Programm und wurde durch die CY 50 abgelöst.

Die »Monkey« war zum Frühjahr 1973 nach Deutschland gekommen. Ursprünglich als Kinder-Attraktion für den Honda-eigenen Familien- und Freizeitpark geschaffen, kam der kleine Affe dort so tierisch gut an, dass er Ausgang erhielt und per Schiff Anfang der 70er Jahre in die USA reisen durfte. Dort breitete er sich mit nahezu affenartiger Geschwindigkeit aus und wurde in Fahrerlagern wie auch auf Campgrounds schnell heimisch. Das Minibike kostete 995 Mark und verfügte lediglich über eine gefederte Vorderradgabel. Das Hinterrad war weder gedämpft noch gefedert, was verschiedentlich zu Rahmenbrüchen im Heckbereich führen sollte. Das änderte sich zum Modelljahr 1975, die Z 50 J erhielt ein modifiziertes Chassis mit Schwinge und Stereo-Federbeinen. Bei der Gelegenheit änderte sich auch die Form von Tank, Sitzbank und Heckleuchten-Einheit. Restbestände der für 1328 Mark angebotenen Monkey-Variante wurden noch bis 1980 verkauft.

Gegen die Konkurrenz aus dem eigenen Land setzte Yamaha ab 1975 das Modell Chappy.

Neben der Dax stand vor allem Suzuki mit der RV 50 hierzulande für die Gattung der City-Mokicks.

Die bildete den Einstieg in die 50er-Klasse; es gab sie auch mit 90 und 125 Kubik. Die sogenannte »VanVan«-Familie war eigentlich für den amerikanischen Markt gedacht, sollte aber hierzulande auch müde Passanten mobil machen. Der Einzylinder-Zweitaktmotor mit 41 mm Bohrung und 37,8 mm Hub hatte membrangesteuerten Einlass und leistete 1,9 (ab 1979: 2,9) PS bei 6600/min. Die RV wog 82 Kilogramm, kostete 1680 Mark und empfahl sich als Gegenstück zur Honda Dax. Charakteristisch für diese Art von Motorrad waren die Ballon-Reifen im Format 5.40x10 kamen von Bridgestone. Typisch waren auch das Viergang-Getriebe sowie die automatische Kupplung. Zudem gefiel die RV mit ihrer niedrigen Sitzhöhe von 730 Millimetern: »Fast so breit wie hoch«, wie eine zeitgenössische Modellvorstellung vermerkte. Die große Sitzbank sah zwar urgemütlich aus, vertrug aber im Prinzip nur einen Passagier, zwei Personen hatten auf dem Mokick kaum Platz. Der Tank fasste 3,5 Liter und saß unter der Sitzbank. Die RV verfügte selbstverständlich auch über eine zeitgemäße Getrenntschmierung - und einen durchaus gesegneten Appetit: Nach kaum 100 Kilometern musste die nächste Zapfsäule angesteuert werden. Ein echtes Ärgernis war die miserable Lichtausbeute. Der Schwunglichtmagnet-Generator brachte erst ab 4500/min ein wenig Licht ins Dunkel. Die RV war ungeahnt erfolgreich und blieb zehn Jahre lang im Programm.

Yamahas Bop indessen ist heute praktisch vergessen, man hat sie schon damals kaum gesehen. Das lag vielleicht daran, dass Yamaha damit erst Mitte 1977 diesen Markt ins Visier nahm. Abgesehen vom Bonsai-Format handelte es sich bei der Yamaha um ein richtiges kleines Motorrad, mit Fünfgang-Getriebe und Halbautomatik. Die charakteristischen Zehn-Zoll-Stahlscheibenräder ließen sich in der Mitte teilen. Die Sitzbank war recht komfortabel und mit 620 Millimetern auch für zwei Personen einigermaßen gut zu nutzen. Der Tank fasste 3,5 Liter, der Durchschnittsverbrauch lag bei rund 2,5 Litern auf 100 Kilometer. So zurückhaltend wie der Durst, so bescheiden auch das, was die Bop in punkto Fahrverhalten bot: Geradeaus lief sie ganz passabel, in die Kurve allerdings wollte sie mit Nachdruck gezwungen werden. Die breiten Reifen erlaubten keinen sauberen Strich, und der Fahrkomfort war praktisch unbekannt: »Auf unebener Straße schwingt die Maschine samt Fahrer immer auf und ab«, berichtete ein Test. Der 2,9 PS starke Einzylinder-Zweitaktmotor mit Getrenntschmierung und membrangesteuertem Einlass fand auch Verwendung im Chappy-Mokick, der Yamaha-Konkurrenz zum Chaly-Mokick von Honda. Die Chappy wiederum, offiziell als LB 50 bezeichnet, war 1975 erschienen und galt als Roller für Leute, die keinen Roller fahren wollten. Es gab die 50er in verschiedenen Ausführungen; in Frankreich etwa, den dortigen Bestimmungen entsprechend, mit Fußrasten anstelle der Pedale.

Mit dem gleichen Dreigang-Zweitakt-Triebwerk, das die Chappy antrieb, bot Yamaha ab 1977 auch das City-Bike »Bop« als preiswertes Einstiegsmodell an.

Stellvertretend für die Riege der italienischen Enduro-Mokicks sei hier die ab Frühjahr 1978 in Deutschland erhältliche Beta GS 50 Regolarita vorgestellt.

Neu auf dem Markt war 1978 auch die Suzuki TS 50 K, ein Spitzen-Mokick mit damals in dieser Klasse noch längst nicht üblicher Zweitakt-Getrenntschmierung.

Japanische und mehr noch italienische Hersteller waren es auch, welche ab Mitte der 70er Jahre auch Enduro-Mokicks anboten. Als offene 50er waren die Maschinen etwa bei Yamaha oder Suzuki ohnehin im weltweiten Angebot, da konnte die Maschinen man für Deutschland und weitere westeuropäische Länder problemlos auch auf 40 km/h drosseln und diese so als Moped oder Mokick anbieten.

Schließlich gab es noch Mokick-Baureihen mit ganz eigenem Charakter, die zwar schon ein wenig den Kleinkrafträdern nacheiferten, aber doch in jeder Beziehung deutlich unterhalb der offenen 50er angesiedelt waren. Zündapp CS 50 oder KTM Comet GT 50 waren Beispiele dafür.

Auch die österreichischen Hersteller war in Sachen Gelände-Mokick ganz vorne mit dabei. Docvk richtig Kasse machten damit hierzulande nur die Japaner. Motorisierte Mountainbikes in der 50er-Kategorie hievte der deutsche Suzuki-Importeur erstmals für das Modelljahr 1979 ins Programm, dann aber gleich zwei davon: die TS 50 K und die TS 50 ER. Die günstige und mit 1998 Mark auch billigste Möglichkeit, Suzuki zu fahren, bot die TS 50 K. Das Enduro-Mokick orientierte sich im Styling ganz an den hubraumstärkeren Off Road-Maschinen aus dem gleichen Haus.

Wie bei allen Suzuki-Zweitaktern wurde auch der Fünfgang Motor durch die Getrenntschmierung mit Schmieröl versorgt, der schlitz- und membrangesteuerte Einzylinder-Zweitaktmotor selbst beflügelte auch die anderen 50er der Marke. Der Motor arbeitete leise und hielt sich auch in leichterem Gelände recht wacker, anspruchsvollere Passagen waren mit dem nur knapp drei PS starken Leichtgewicht - nur 73 Kilogramm - aber nicht zu machen. Überzeugt hat die TS aber die jugendliche Klientel nicht, sie unterlag einem rapiden Preisverfall: Im Modelljahr 1983 kostete sie nur noch 999 Mark und verschwand dann schließlich ganz aus der Liste.

Die TS 50 ER rollte eine ganze Klasse komfortabler und optisch attraktiver vor. Diese knapp 300 Mark teurere Alternative zur TS K lehnte sich optisch an die größeren Enduro-Modelle an; der Motor war bau- und leistungsgleich zur Straßen-Suzuki X 1 E. Mit der Leistung konnte von echtem Geländebetrieb natürlich keine Rede sein, trotz Enduro-typischer Fahrwerksgeometrie. Mit 2.75-19-Vorderrad und 3.00-17-Hinterrad ließ sich die Enduro kinderleicht beherrschen und an der 770 Millimeter breiten Lenkstange auch flink um die Ecke werfen. Einziges Manko: Das hochgesetzte Vorderradschutzblech fiel etwas kurz aus und verschaffte Dreck und Schmutzwasser nahezu ungehinderten Zugang zum Motor. Außerdem war die schwache 6-Volt-Anlage ein ständiges Ärgernis.

Das bestverkaufte Mokick-Enduro der Clearasil-Generation lieferte allerdings zwischen 1977 und 1981 Yamaha in Form der TY 50 M. Das Trial-Mokick trug den schon von den anderen 50ern bekannten Einzylinder mit 39,7 mm Bohrung und 40 mm Hub und schöpfte daraus eine Leistung von 2,8 PS bei 5000 Umdrehungen.

Im Jahr darauf erschien das Enduro-Mokick DT 50 M. Die Technik entsprach weitgehend der RD 50, Unterschiede fanden sich im Viergang-Getriebe (RD: 5-Gang) und der Auspuffanlage, was dazu führte dass die DT lediglich 2,75 PS statt 2,9 PS leistete. Das Mokick im Enduro-Look zeigte sich mit 19-Zoll-Vorderrad, Stollenreifen, Crosslenker und ausreichend Bodenfreiheit auch auf schlechten Wegstrecken nicht überfordert. Ambitionierten Off-Road-Einlagen - die der gut abgestimmte Einzylinder-Zweitakter durchaus verkraftet hätte - standen vor allem die Federelemente im Wege, die zeigten sich schon bei leichten Geländeeinlagen völlig überlastet: Sie waren zu weich und schon im Sozius-Betrieb am Anschlag. 1925 Mark wollte der Yamaha-Händler für den 80 Kilogramm leichten Springinsfeld, und das war nicht zu viel für ein Motorrad, das »selbst Moto Cross-Wettbewerbe gegen stärkere Enduros für sich entscheiden konnte, vorausgesetzt, es geht um scharfe Kurven und der Pilot unterstützt gelegentlich mit kräftiger Beinarbeit«, wie Motorrad zu berichten wusste.

Auch Puch hatte für die Enduro-Szene zwei heiße Eisen im Feuer: Die Cobra T für den einsamen Ritt in den Steinbruch…

…und die Cobra 4 T für die Fahrt mit der Freundin (oder dem Freund) zum Eiscafé.

Das Mokick-Angebot von Hand war stets in überschaubar. Mit der MB/MT-Reihe gelang erst Anfang der Achtziger der Durchbruch.

Das NS-1/NSR-Mokick war das attraktivste Sportmokick der Achtziger und Neunziger. Gebaut wurde es im europäischen Honda-Werk Montesa.

DIE MOKICKS DER 80ER

Das große Sterben der deutschen Hersteller ließ nur Hercules übrig. Die Sachs-Tochter hielt über das ganze Jahrzehnt hindurch am Mokick fest und versuchte, mit stets neuen Kombinationen das im Grunde genommen tote Zweirad-Konzept am Leben zu erhalten: Peppige Farben und fetzige Lackierungen sollten die junge Klientel in den Sattel holen. Auch Puch und KTM versuchten in der ersten Hälfte der 80er noch, mit nett gemachten, aber letztlich zu teuren Mokicks zu punkten. Optik und Technik entsprachen dem Stand der späten Siebziger, die Vielfalt an Lackierungen, wie sie Hercules bot, erreichten sie aber nicht. Wer unbedingt meinte, eine solche 50er kaufen zu müssen und sich nicht mit inkompetentem Kaufhaus-Personal oder mürrischen Italo-Freaks herumärgern mochte, steuerte zwangsläufig den nächstgelegenen Nippon-Händler an (sofern das nicht gerade ein Kawasaki-Händler war, denn bei dem gab es keine 50er.)

Mokick-Innovationen kamen aus Fernost, und je weiter das Jahrzehnt voranschritt, desto motorradähnlicher sahen sie aus. Einen ersten Vorgeschmack darauf hatte Honda Ende 1979 in Gestalt des Mokick-Duos MB-5/MT-5 gegeben. Dabei handelte es sich um membrangesteuerte Zweitakter mit Transistorzündung und 2,9 PS bei 5000 Umdrehungen, was endlich füpr klassenübliche Fahrleistungen sorgte. Die Straßenausführung hieß MB, die 2,7 PS starke Enduro-Ableitung hieß MT. Sie kosteten 2258 beziehungsweise 2158 Mark, dafür gab es andernorts noch nicht mal ein Mofa. Zur IFMA 1984 legte Honda dann in Sachen Mokick noch einmal nach. Die neuen Mokicks MBX 50 S/MTX 50 S trugen zwar die Motortechnik der MB/MT auf, machten aber in Sachen Optik und Chassis einen gewaltigen Schritt hin zum Motorrad: Kastenprofilschwinge, hydraulische Einscheibenbremsen mit 220 mm Durchmesser und Doppelkolben-Bremszange, Verkleidung – mehr Motorrad gab es in der Mokick-Klasse nirgends. Einziger Wermutstropfen: der Preis, 3108 Mark war schon deutlich über den bisherigen Tarifen. Das Enduro-Mokick fiel zur Saison 1988 aus dem Programm, die MBX dagegen hielt sich noch bis in die Neunziger. Das schickste aller Mokicks brachte Honda letztlich in Form der NSR 50. Optisch sah die ganz klar nach Rennstrecke, nicht nach Schulhof aus. Honda ließ sein neues Mokick für den europäischen Markt bei Montesa in Barcelona fertigen, was eine überaus interessante Preisgestaltung ermöglichte: Die kleine NSR kostete nur 3820 Mark und lag damit nur um 50 Mark über der weiterhin angebotenen, in Japan produzierten MBX 50 S. Beide Mokicks unterschieden sich in erster Linie in

Die bis 1992 gebaute ZX 1 stellte den Höhepunkt der Hercules-Mokickentwicklung dar. Der wassergekühlte Sachs-Motor leistete nun 4,1 PS. Üppige Federwege von 200 mm und das Zentralfederbein ließen das Enduro-Mokick außerordentlich erwachsen wirken.

Ungleich erfolgreicher als Hercules war die Yamaha-Enduro. Für das Mokick wurden 1982 ganzseitige Anzeigen in Motorrad-Zeitschriften geschaltet.

Der Berg ruft: Das Modell GTS 50 WK von 1983/84 hatte Zündapp mit Wasserkühlung ausgestattet. Das steigerte das Gewicht und den Preis, die Leistung durfte dennoch nicht über 3 PS liegen. Mit Sozius und Gepäck wurde es damit nicht nur am Großglockner eng …

der Optik, technisch herrschte weitgehend Gleichstand, auch in der Motorleistung (3 PS bei 6000/min). Den NSR-Einzylinder allerdings umhüllte ein geräuschmindernder Flüssigkeitsmantel. Pro-Link-Schwinge, Doppelkolben-Scheibenbremse und eine Verkleidung hatte im Prinzip auch die MBX vorzuweisen, das Gesamtpaket an der NSR machte allerdings mehr her. Die Montesa-Honda tauchte zum Modelljahr 1997 letztmals in den Lieferlisten auf, große Modelländerungen hatten sich nicht ergeben, sieht man einmal von den wechselnden Designs und der ab Ende 1994 serienmäßig montierten Vollverkleidung ab.

1975 löste die S 50-Baureihe mit Rohrrahmen bei Simson die Vorgänger-Mokicks der Vogelserie ab. Hier schon das ab 1978 erhältliche Modell mit neuem Tank.

DIE MOKICKS IN DER DDR

In der DDR wurden praktisch alle 50er nach 1972 als Mokicks betrachtet. Die durften aber offiziell 60 km/h schnell sein und mit dem Mopedführerschein ab 15 Jahren gefahren werden. Steuer und Versicherung kosteten zusammen 8,50 Mark Ost – in Berlin, Hauptstadt der DDR, 10,50 Mark Ost.

Mit rund 100.000 produzierten Fahrzeugen pro Jahr war Simson in den 70er Jahren der weltweit größte Hersteller von 50-cm³-Fahrzeugen, die in rund 50 (auch westliche) Länder exportiert wurden.

Das SR 4-4 »Habicht« von Simson war in der ersten Hälfte der 70er Jahre das Edel-Mokick in der DDR.

Kleinkrafträder – erst hui dann pfui

Gleichzeitig mit dem Erscheinen der ersten Mopeds begann 1953 auch eine Entwicklung in die entgegengesetzte Richtung. Nachdem das alte 98er Mofa nun mit 50 cm³ Hubraum lief, stand die Frage im Raum, warum man nicht auch ein Motorrad in dieser Klasse etablieren sollte? Das hatte ja auch bei den Vorkriegs-Mofas mit 98 cm³ geklappt, denn mit Fußrasten und einem Kickstarter anstelle der Tretkurbel hatten sie die Sphäre der Motor-Fahrräder verlassen und zum Einsteiger-Motorrad mutiert. Dank dieser Änderungen galten solche umgewidmeten Mofas nun auch als sehr viel sicherer zu bewegen.

Diesen Weg beschritt nun auch Kreidler in der Nachkriegszeit und verpasste dem »Mofa« K 50 einen Kickstarter an der linken Seite, zwei Fußrasten dazu und nannte das Ganze K 51. Die Höchstgeschwindigkeit lag bei lediglich 55 km/h, was angesichts der damaligen Fahrleistungen nicht ganz so absurd war wie es heute klingt. Doch auch für ein Motorrad damals waren 55 km/h nicht viel, daher musste der Gesetzgeber aktiv werden: Im August 1954 wurde die Straßenverkehrs-Zulassungsordnung noch einmal dahingehend geändert, dass 50-cm³-Zweiräder mit Fußrasten und Kickstarter künftig als »Kleinkrafträder« geführt wurden. Als »Lex Kreidler« ging diese Regelung in die Kraftfahrzeuggeschichte ein, die für Jahrzehnte eine neue Fahrzeugkategorie schuf. Diese Maschinen konnten mit dem Führerscheinklasse 4 gefahren werden, der in einer einfachen theoretischen Prüfung ab 16 Jahren zu erwerben war. Die Kleinkrafträder blieben steuerfrei, mussten aber haftpflichtversichert und mit einem amtlichen Kennzeichen versehen werden. Die kleinen Maschinen waren sogar für die Autobahn freigegeben.

Kommentar

Sorgenkind Kleinkraftrad

Wer sich in diesem Frühjahr ein Kleinkraftrad kaufen wollte, mußte mit einigen Wochen Lieferzeit rechnen: beim Handel gibt es so wenig sofort greifbare 50 ccm-Motorräder wie bei den Herstellern Lagerbestände. Dieser Zustand könnte als erfreuliches Zeichen für die rege Nachfrage gerade nach Kleinkrafträdern angesehen werden. Nur ist das Kaufinteresse insgesamt nicht wesentlich größer als in den Vorjahren — die Mangelerscheinung ist die Folge von Dispositionsfehlern. Denn als im Herbst die Händler zu den Abschlüssen für die kommende Saison animiert werden sollten, präsentierten sie eine in einer Motorrad-Zeitung gebrachte Tabelle der zu erwartenden neuen Versicherungsprämien: mindestens DM 900.— für eine Fünfziger! Da wollten die besorgten Händler doch lieber erst mal abwarten. Dementsprechend stoppten die Hersteller ihre Winterproduktion — mit dem Resultat, daß jetzt die Käufer warten müssen.

Wer nun freilich annehmen wollte, der Himmel hinge ob dieses ungebrochenen „Booms" in Kleinkrafträdern bei den Produzenten voller Geigen, der irrt: er hängt vielmehr voller Sorgen und schwarzer Wolken. Denn wenn auch mit dem Erscheinen des von uns angekündigten Vergleichsberichts über ein knappes Dutzend Kleinkrafträder in diesem Heft das Damoklesschwert, das einige über sich hängen sahen, zunächst von ihnen genommen ist – die Sorgen sind ihnen geblieben.

Das Kleinkraftrad ist eine spezifisch deutsche Angelegenheit: eine spezielle Motorrad-Variante, die seit dem Jahr 1954 möglich wurde, als der Gesetzgeber den neuen Führerschein 4 tolerierte, mit dem bereits Sechzehnjährige ein 50 ccm-Motorrad fahren dürfen, für das behördlicherseits weder die Motorleistung noch die Höchstgeschwindigkeit begrenzt noch anderweitige technische Auflagen gemacht wurden – mit Ausnahme der Fahrgeräuschbegrenzung auf 79 dB(A) – niedriger als das Motorrädern über 50 ccm oder Pkw, beide 84 dB(A), zugebilligte Geräuschmaximum.

Mitte der fünfziger Jahre nutzten dann die deutschen Hersteller die sich hier bietende Chance, motorradbegeisterte junge Menschen, denen das auf 40 km/h begrenzte Moped nicht genügte, auf ein flottes kleines Motorrädchen zu setzen: Kreidler brachte das erste Florett zur IFMA 1956, dann folgte das Mars Monza mit Ilo-Motor, und später begannen auch die anderen deutschen Hersteller, ihre auf etwa 3 PS leistungsgesteigerten, mit Kickstarter statt der Pedale sowie mit Fußschaltung ausgestatteten Dreigang-Moped-Motoren in teils mopedähnliche, teils speziell entwickelte Fahrwerke zu setzen.

Zunächst gab es da und dort Rückschläge (weil dort nämlich Details – z. B. die Pleuellagerung – der Mopedmotoren der höheren Leistung nicht gewachsen waren). Aber das besserte sich bald, und so gab es schließlich eine ganze Palette recht brauchbarer kleiner Motorräder für die neue Käuferschicht.

Bedauerlich bei dem ganzen schönen Geschäft war nur, daß die böse Konkurrenz sich genauso bemühte, abzusahnen – und so kam, was kommen mußte: es hub ein Leistungswettkampf an. Motorenleistung (und Getriebegangzahl) stiegen, natürlich auch die erreichbare Höchstgeschwindigkeit, die sich der Gesetzgeber wohl ursprünglich so bei etwa 70 km/h liegend vorgestellt hatte.

Irgendwann bekam man dann bei der Industrie kalte Füße: was sollte werden, wenn man in Bonn merken würde, daß hier – mit inzwischen weit über 5 PS und nun schon fünf Gängen – echte Motorräder entstanden waren. Irgendwann waren behördliche Eingriffe zu befürchten, wenn man sich nicht rechtzeitig einer Selbstbeschränkung unterwürfe.

Die kam, mit einer selbstverordneten Begrenzung auf 5,8 PS und fünf Gänge, und damit ging es eine ganze Weile. Bis eines Tages ein Versandhaus ein italienisches Kleinkraftrad mit 6,25 PS offerierte. Das konnte man natürlich nicht hinnehmen – und so zogen die deutschen Hersteller allesamt nach (höchst unnötigerweise, denn einer, von jeher wegen seiner technischen Gründlichkeit in der Branche bekannt, holte sich eine solche kleine Italienerin, nahm sie auf den Prüfstand – und konnte beim besten Willen nicht einmal 5 PS herausbremsen; aber nun gab es kein Zurück mehr).

Leider nun sind Motoren mit einer Hubraumleistung von 125 PS/Liter nicht gerade Flüsterer. Und wenn es den Herstellern auch gelang, die Lautstärkebestimmungen bei der Abnahme zu erfüllen – es sind nicht allein die dB(A), die das menschliche Ohr registriert, es ist viel mehr die Lästigkeit eines Geräuschs. Und da niemand Fahrer eines bis 8000 oder 9000 drehenden kleinen Hochleistungszweitakters daran hindern kann, die Gänge bis zu diesen Drehzahlen auszudrehen, kam es vor allem in den letzten Jahren zu jenen Angriffen gegen die „knatternden Mopeds" und „ruhestörenden Motorradfahrer", die kaum wirklich gegen Mopeds und auch weniger gegen hubraumstärkere Motorräder gerichtet sind als gegen die Kleinkrafträder.

Wieder also stehen die Hersteller vor dem Problem, ob und mit welcher konstruktiven Konzeption sie eventuellen Forderungen des Gesetzgebers zuvorkommen sollen, um die Kleinkrafträder „umweltfreundlicher" zu machen – oder ob sie die Initiative des Gesetzgebers abwarten sollen.

Natürlich böte sich, analog der (zunächst in Deutschland) für Motorräder über 50 ccm unmittelbar bevorstehende Abkehr vom Hubraumdenken als Folge der Versicherungsumstellung nun auch beim Kleinkraftrad unter Belassung seiner derzeitigen Höchstleistung von 6,25 PS an, diese aus einem größeren Hubraum zu holen und damit Elastizität und geringeres Geräusch zu gewinnen. Aber das würde bedeuten, daß die deutsche Zweiradindustrie auf eine Domäne verzichten müßte, auf der sie weltweit eine Monopolstellung hat. Und mit dem Übergang zum größeren Hubraum (wenn er sinnvoll sein soll) würde das Kleinkraftrad in jenen Bereich kommen, wo die japanische Konkurrenz dank ihrer hohen Stückzahlen Modelle anbieten könnte, die sehr wohl der Forderung nach mehr Hubraum/weniger Hubraumleistung entsprechen – die aber zu Preisen offeriert werden können, die die europäische Konkurrenz ausschalten würden.

So ist, trotz des so schön laufenden Geschäfts, das Kleinkraftrad für die deutschen Hersteller derzeit ein rechtes Sorgenkind.

SIEGFRIED RAUCH

11/76 MOTORRAD 5

Jungs, Eure Fünfziger – da lernte man gerne auch schon in den 60er Jahren, wie die schneller gemacht werden konnten. Hoffentlich ist die Zigarrenasche nicht ins Kurbelgehäuse gefallen.

DAS WETTRÜSTEN BEGINNT

War die Kreidler Florett bei ihrem Erscheinen 1956 mit 3 PS noch das absolute Spitzenmodell, hatte die Konkurrenz schon nach wenigen Monaten – zumindest in Sachen Motorleistung – nachgezogen. 1958 lagen zum Beispiel das Mars Monza und die Hercules 218 K bei 3,2 PS, die Zündapp Falconette 1959 bei 3,6 und das Kleinkraftrad von Göricke im gleichen Jahr bei 3,8 PS: Das Wettrüsten auf dem deutschen Kleinkraftrad-Markt hatte begonnen.

Auch wenn es nicht so aussah: Die K 51 von Kreidler begründete 1954 in (West)-Deutschland die Klasse der Kleinkrafträder.

So sah ein Kleinkraftrad von Kreidler im Jahr 1970 aus. Die Florett RS im letzten Produktionsjahr mit 5,3 PS. (Foto: Beademung CC BY-SA 3.0 de)

Detailansicht der KS 50 Super Sport von Zündapp aus dem Jahre 1970. Der Motor mit modischem Fächerzylinderkopf leistete auch hier noch 5,3 PS.

1962 erschien Zündapps Überflieger KS 50 Super mit 4,2 PS, und kaum hatten die Schwaben mit der ebenfalls 4,2 PS leistenden Super-Florett gegengehalten, brachte Hercules 1964 die K 50 Sport mit 5,3 PS. Zündapp wiederum reagierte im Jahr darauf mit der KS 50 Super SL, die satte 5,2 PS auf die Straße brachte. Wie die Hercules hatte auch die KS ein fußgeschaltetes Fünfganggetriebe.

Die KS 50 Super Sport von Zündapp in der Ausführung von 1971/72: Optisch und technisch überarbeitet, jetzt mit 6,25 PS.

Ein aufgeschnittenes Kreidler-RS-Triebwerk von 1972 mit NIKASIL-beschichteter Zylinderlauffläche. 6,3 PS waren für die deutschen Hersteller inzwischen Usus. (Foto: Beademung)

HERCULES
Ultra
HERCULES
K 50 Ultra

Wie alle Zweirad-Hersteller jener Jahre warb auch Hercules gerne mit jungen Damen. Meist waren diese Damen nur Staffage, doch die Nürnberger verpflichteten 1977 Nastassja Kinski als Werbeträger – da rückte die K 50 RL beinahe in den Hintergrund.

Der Legende nach bis 100 km/h schnell: Im Herbst 1976 vorgestellt, setzte die Hercules K 50 Ultra vor allem optisch neue Maßstäbe im Kleinkraftradbau.

Aber nicht nur in Sachen Leistung und Getriebegängen überboten sich die Hersteller. Aus Druckguss oder Blechpressteilen zusammengefügte Rahmen, geschlossene Seitenteile, gerade gestellte Tanks und großzügige Zweipersonen-Sitzbänke manifestierten den optischen Übergang vom einfachen Moped hin zum großen Motorrad. Telegabeln ersetzten – außer bei Hercules – die Vorderradschwingen, und Ende der 1960er Jahre kamen »Büffeltanks« auch für Kleinkrafträder in Mode.

Sie war ein Novum in der Motorradgeschichte: Hercules hielt bis 1981 an der halblangen Schwinge zur Vorderradführung fest. Dennoch wurden die Nürnberger in den 70er Jahren zum Marktführer und die K 50 RL avancierte zum meistverkauften Kleinkraftrad in Deutschland.

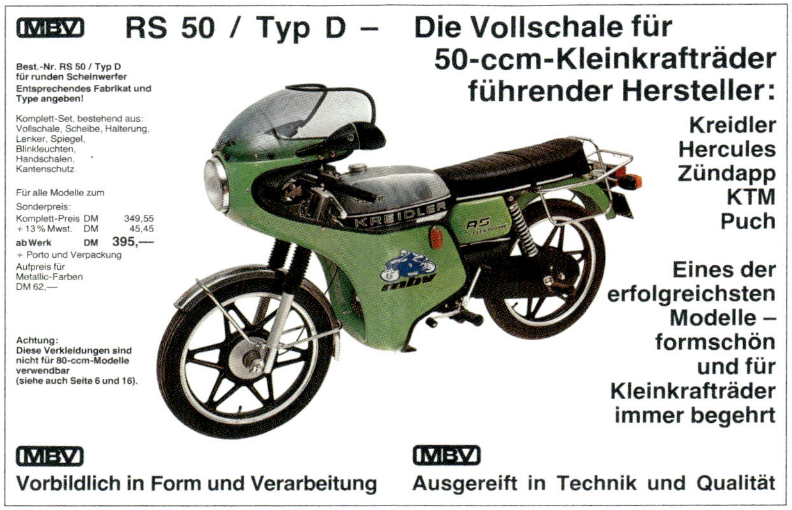

Kreidler und Co. wirkten erst mit Vollverkleidung so richtig schnell, zumal in einem solchen Fall auch Magura-M-Lenker montiert wurden, die für das richtige Sportfahrer-Feeling sorgten. Verkleidungshersteller gab es einige, etwa Habermann oder ES, aber auf Kleinkraftrad-Verkleidungen hatte MBV beinahe ein Monopol.

KLEINKRAFTRÄDER IN DEN 70ER JAHREN

Kleinkrafträder avancierten zu den Aushängeschildern schlechthin der verbliebenen deutschen Zweiradindustrie: Vom Gesetzgeber inzwischen mit einer Höchstgeschwindigkeit von 85 km/h geduldet, hatten sich Zündapp, Hercules & Co. auf eine maximale Leistung von 6,25 PS geeinigt. Und wenn die Jungs erst einmal so ein Gefährt in den Händen hatten, wurde um jedes Zehntel PS und jeden Stundenkilometer gekämpft. Die Lautstärke der »Drehorgeln« oder »Zwiebacksägen« spielte dabei keine Rolle, nervte dafür aber die übrige Menschheit.

Die Kreidler Florett RS Ende der 70er Jahre: Das Festhalten an Pressstahlrahmen und liegendem Zylinder hatte dem Image der Marke nicht gutgetan.

Jan de Fries war 1971 Straßenweltmeister der 50-cm³-Klasse auf Kreidler geworden. Damit ließ es sich gut werben und im Herbst 1972 die neue Florett RS im Renntempo vorstellen.

Scheibenbremse, Blinkanlage, Verbundräder und Spoilersitzbank waren bis 1978 Kennzeichen der Kreidler Florett RS. Doch dann gab es auch so ausgestattete Mokicks. Die hießen dann RMC-S. Doch als 1977 die Motorrad-Testfahrer diese Kreidler prüften, stimmte die Modellordnung noch: Das hier ist die Kreidler Florett-GS, also das Spitzen-Kleinkraftrad aus schwäbischer Produktion.

Ebenfalls neu auf dem Markt war 1973 diese Zündapp »KS 50 Super Sport«, das preiswertere Kleinkraftrad mit Fahrtwindkühlung.

Die Industrie hörte weg, sah weg, sagte nichts und feilte an noch höheren PS-Leistungen. Dabei zitterten den Bossen in Nürnberg, München und Stuttgart durchaus die Knie, immer gewärtig, dass ihnen der Gesetzgeber in Bonn das lukrative Kleinkraftradgeschäft eines Tages vom Tisch fegen könnte. Die Wasserkühlung sollte zumindest den Geräuschpegel eindämmen, was bedingt gelang, aber letztlich nur teure Kosmetik blieb.

Was die NIKASIL-Beschichtung bei Kreidler, war der Super-Therm-Zylinder bei Zündapp. Mit diesem warb die Marke 1971 für ein leiseres und besser gekühltes 6,25-PS-Triebwerk.

Noch leiser ging es bei Zündapp ab 1973 zu, als das erste Kleinkraftrad überhaupt mit einer Wasserkühlung auf den Markt kam. Hier die »KS 50 water cooled« des ersten Baujahres mit blankem Zylinder.

Ein heißes Eisen: Die Zündapp KS 50 Super Sport des Jahrgangs 1977/78.

Denn ab Mitte der 70er Jahre spitzte sich die Lage zu. Dafür gab es verschiedene Gründe: auf der einen Seite flachte die Nachfrage, hervorgerufen durch die geburtenstarken Jahrgänge, allmählich ab. Andererseits sahen sich die Konzernbosse, obwohl sich beileibe nicht grün, einem stetig erstarkenden gemeinsamen Feind gegenüber, nämlich der wachsenden ausländischen Billigkonkurrenz. Diese versuchten sie, durch ständige Ausstattungsverbesserungen auf Distanz zu halten. Doch egal ob Blinkanlagen, Sechsganggetriebe, Scheibenbremse, Gussräder, Cockpitverkleidungen oder Heckspoiler: Das Mehr an Ausstattung führte letztlich in eine Sackgasse, und bei sinkender Nachfrage und gleichzeitig steigenden Preisen war eine Umkehr nicht mehr möglich.

Zündapp gab sich alle Mühe und peppte die »KS 50 Cross« für 1975 noch einmal auf – der Erfolg blieb weiter hinter den Erwartungen zurück. Im Jahr darauf nahmen die Münchner das Modell vom Markt.

Ungemach drohte letztlich aber von einer ganz anderen Seite: Jedes vierte Kleinkraftrad war in mindestens einen Unfall verwickelt, so dass die Versicherungsprämien von Jahr zu Jahr stiegen. Als zum Ende der 70er Jahre Prämien in der Größenordnung von 800 bis 900 D-Mark erreicht waren, brach die Nachfrage nach Kleinkrafträdern (die ja selbst – s.o.– auch immer teurer geworden waren) zusammen.

Die KTM Comet 50 RS Grand Prix setzte ab 1973 neue Maßstäbe im Kleinkraftradbau.

TECHNIK UND TEST

Test KTM 50 RSW

Auf Hochtouren: Sachs-Motor

Edle aus Österreich

Hohe Drehzahlen und eine luxuriöse Ausstattung sind die charakteristischen Merkmale der 50er des österreichischen Motorradherstellers KTM.

38 MOTORRAD 23/1978

Der erste Versuch, die technischen Besonderheiten dieses Kleinkraftrades zu ergründen, bescherte eine geschlagene Stunde intensiver Schrauberei.

Nachdem nämlich das im Rahmenrohr unter der Sitzbank eingelagerte Seilschloß erst gefunden war, gehörte wenig Kombinationsgabe dazu, das Fahrzeug fachgerecht gegen Diebstahl zu sichern. Das Aufschließen bereitete mehr Schwierigkeiten.

In der Überzeugung, daß eine 50 cm³-Maschine an Neuem wohl kaum etwas bieten kann, was ein langjähriger Motorradfahrer nicht auf Anhieb durchschaut, war auf der ersten Fahrt keine Betriebsanleitung mitgenommen worden. Es blieb schließlich nur eines: Tank und Sitzbank abmontieren, um der Tücke der Technik auf die Spur zu kommen.

Dabei zeigte sich, daß der Schließmechanismus über einen durch ein Stahlröhrchen verlaufenden Bowdenzug mit einem Hebel zwischen Tank und Lenkkopf verbunden ist. Beim Ziehen dieses Hebels, was übrigens nur bei geöffnetem Lenkschloß möglich ist, wird das sichernde Seil ausgeklinkt.

Noch andere Feinheiten fallen auf: Hinter dem rechten Seitendeckel befinden sich die mit einer Trockenbatterie bestückte Elektronikbox für die Blinkanlage und der Flüssigkeitsbehälter der hydraulischen Scheibenbremse am Hinterrad.

Von dort läuft, gut geschützt, die Bremsleitung zum direkt hinter dem Fußbremshebel angebrachten Hauptbremszylinder. Diesen soll eine etwas dürftige Plastikkappe gegen Straßenschmutz abdecken. ▷

Fotos: Schwab (3), Mai (5)

Alternative zu deutschen Spitzen-50ern: Die KTM ist rundherum gelungen

Ab 1977 gab es die KTM auch als Comet 50 RSW mit Wasserkühlung. Die Maschine galt in diesem Jahr als teuerstes Kleinkraftrad auf dem deutschen Markt.

Die Initialen von »John Player Special« standen Mitte der 70er Jahre für Hochleistungs-Motorsport auf der (Monza-)Rennstrecke. Puch verwandelte das Signet in »Steyr Daimler Puch« und brachte es an der neuen Mokick/Kleinkraftrad-Reihe »Monza« ab. Im Bild die 6 SL SDP von 1976.

MEHR ALS EINE NUR DEUTSCHE DOMÄNE

Bis zu diesem drastischen Rückgang der Zahlen hatten die drei deutschen Hersteller Hercules, Kreidler und Zündapp gemeinsam rund zwei Drittel des bundesdeutschen Marktes besetzt. Hercules stand oft an der spitze der Zulassungscharts. Das war umso erstaunlicher, als die K 50-Baureihe von Hercules noch bis in die 80er Jahre hinein an der antiquiert wirkenden halblangen Schwinge zur Vorderradführung festhielt, während Kreidler und Zündapp längst schon auf Telegabeln umgestellt hatten. Alles beherrschend war hier die ab 1974 gebaute K 50 RL, das in Deutschland meistverkaufte Kleinkraftrad überhaupt. Ab 1977 gab es das wahlweise auch mit einer Wasserkühlung. Diese wurde im gleichen Jahr auch für das Spitzenmodell Hercules K 50 Ultra (»LC«) eingeführt. Die »Ultra« kam 1976 mit Telegabel, Doppelscheibenbremse, Cockpitverkleidung und Heckspoiler als ultimative Sport-Fünfziger auf den Markt und war nach mehreren Überarbeitungsschritten bis 1983 das am längsten gebaute Kleinkraftrad Deutschlands.

Der einstige Marktführer Kreidler war mit der Florett RS in der ersten Hälfte der 70er Jahre noch sehr gut dabei und heimste bei einem Vergleichstest 1976 sogar noch den ersten Platz ein. Doch am Kornwestheimer Himmel zogen erste Wolken auf. 1977 verkaufte Kreidler nur noch rund 10.000 Kleinkrafträder, wenige Jahre zuvor waren es noch dreimal so viele gewesen. Und im allgemeinen Abwärtstrend der Kleinkrafträder rächte sich jetzt Kreidlers Festhalten am alten Pressstahl-Schalenrahmen, am liegenden Zylinder und am Verzicht auf eine Wasserkühlung. Eine Florett zu fahren war plötzlich nicht mehr ganz so »cool«.

Zündapp war die erste Marke, die bei ihren KS 50-Kleinkrafträdern neben der herkömmlichen Fahrtwindkühlung auch auf eine Wasserkühlung setzte. Und zwar ganz bewusst zur Geräuschminderung, denn auch in der Münchner Chefetage hatte man Sorge, dass die in hohen Drehzahlen kreischenden Fünfziger die gesetzgebenden Herrschaften in Bonn aufwecken könnten. Aus der sinnvollen Wasserkühlung wurde rasch eine Modeerscheinung, die blödsinniger Weise auch einigen drehzahl- und geschwindigkeitsbegrenzten Mokicks zuteilwurde, was sie weder schneller noch merklich leiser, aber teurer machte.

1977 galt die Puch Cobra 50/6 GT als das Nonplusultra im Kleinkraftradbau. Das Design von Porsche und der kräftigste Motor seiner Zeit standen dem beginnenden Niedergang der Kleinkraftrad-Ära entgegen.

Die Yamaha RD 50 in ihrer ersten Auflage von 1973. Der Membraneinlass des Zweitakters war eine japanische Besonderheit, trotzdem galt der Motor mit seinen offiziell 6,25 PS als zäh.

Die RD 50 DX von Yamaha in der Weiterentwicklung von 1977, unter anderem mit einer Scheibenbremse für das Vorderrad. Die Maschine war als Mokick oder Kleinkraftrad zu haben.

Garelli hatte in den 70er Jahren zwei Kleinkraftrad-Baureihen für Deutschland im Angebot. Neben den RS-Modellen bestach die Junior Cross nicht nur mit einem niedrigen Preis.

WAS ES SONST NOCH SO GAB

In Österreich existierte die Klasse der Kleinkrafträder nicht. Alles, was dort nicht mehr als 50 cm^3 Hubraum aufwies und nicht schneller als 40 km/h fuhr, galt als Moped. Alles darüber war ein Motorrad. Nur für den lukrativen deutschen Markt lieferte KTM daher die Comet 50 RS mit einem auf 6,25 PS gebrachten Motor von Fichtel & Sachs. Diese optisch vielleicht schönste 50er der 70er war allerdings auch eine der teuersten. Ab 1977 gab es die dann wahlweise auch mit einer Wasserkühlung.

Ganz anders die im Preis-Leistungsverhältnis äußerst attraktive M 50 Jet des österreichischen Konkurrenten Puch: Zwar war ebenfalls im oberen Preissegment angesiedelt, erhielt die von 1973 bis 1980 gebaute Baureihe mit Sechsganggetriebe Bestnoten von den Testern und war eine echte Alternative zu den deutschen Flaggschiffen.

In der mittleren Preisklasse gab es neben der deutschen Maico MD 50, der einzigen Maschine am Markt mit einem Zweitaktmotor samt Drehschiebereinlass und Sechsganggetriebe, die Starflite GTS des holländischen Herstellers Batavus. Wie dessen Mofas und Mokicks wurden auch die Kleinkrafträder in Deutschland von der Warenhauskette Karstadt vertrieben. Die GTS-Modelle waren Durchschnitt, aber der verbaute Sachs-Motor sorgte für stabile Fahrleistungen.

Die Gilera 50 RS Touring war bis 1975 eines der preiswertesten Kleinkrafträder auf dem deutschen Markt.

Ein Kleinkraftrad mit Viertaktmotor für nicht einmal 1500 DM. Die Honda SS 50 machte es möglich, war aber lahm und bei der jugendlichen Klientel nicht sonderlich gut angesehen.

Ein Vorserienmodell des »Sperber« von Simson stand 1965 für den ersten Prospekt zur Verfügung. Nur zu Beginn seiner Fertigung wurde der Suhler Vogel in dieser Farbkombination produziert.

Im preislichen Mittelfeld angesiedelt war auch die hochwertige Yamaha RD 50 DX. Sie überzeugte in nahezu allen Belangen, nur der membrangesteuerte Zweitakter mit klassenüblichen 6,25 PS galt als etwas zäh. Vorbildlich war dagegen die Getrenntschmierung mit Ölpumpe und einem Ölvorratsbehälter, dessen 1,3 Liter Fassungsvermögen für 1000 Kilometer ausreichte.

Wer es billig kaufen wollte, oder nicht anders konnte, musste auf italienische Angebote zurückgreifen. Dabei war man mit den über den Neckermann Versandhandel angebotenen Garelli 50 RS (»Rekord Super«) oder RSC (»Rekord Super Cross«) noch gut bedient. Abstriche bei Fahrkomfort und Verarbeitungsqualität musste machen, wer sich auf eine Gilera 50 RS Touring einließ, die aber 1975 aus dem Programm genommen wurde. Doch die Garelli waren außerordentlich günstig zu haben: Die simple RS kostete im Sommer 1971 gerademal 1098 D-Mark, gerne auch in Raten zu 55 Mark abzustottern.

Das billigste, aber keineswegs schlechteste Angebot bis Mitte der 70er Jahre aus Fernost kostete nicht einmal 1500 D-Mark und hieß

Zu Beginn der 70er Jahre war die italienische Testi Royal Rally in allen Belangen mindestens gleichwertig zu den deutschen Wettbewerbsprodukten und vom Preis her deutlich attraktiver.

Honda SS 50. Dabei handelte es sich um das einzige Kleinkraftrad mit Viertaktmotor! Allerdings hatte diese mit 5,1 PS bei fast 10.000 U/min auch das schwächste Triebwerk. Gegenüber der Phalanx der Zweitaktmaschinen war das zu wenig.

Noch schwächer, aber nicht auf dem westdeutschen Markt erhältlich, war eine ostdeutsche Kleinkraftrad-Kreation, wiewohl es in der DDR keine dem Kleinkraftrad vergleichbare Fahrzeugkategorie gab: Von 1966 bis 1972 wurde in Suhl der SR 4-3 »Sperber« gebaut. Mit 49 cm² Hubraum, 4,6 PS und einer Höchstgeschwindigkeit von 75 km/h wurde er östlich der Elbe in die Klasse der Motorräder einsortiert und durfte ab 16 Jahren gefahren werden – sofern man einen entsprechenden Führerschein erworben sowie KFZ-Steuer und Haftpflicht entrichtet hatte. In Westdeutschland hingegen war der Sperber lediglich als Mokick mit 2,2 PS zu haben, angeboten wiederum von Neckermann zu Preisen, die jedes Mofa, gleich welcher Provenienz, vor Scham erröten ließen.

In dieser farblichen Gestaltung kannte man den Sperber auf den Straßen der DDR. Dort war er als Motorrad eingestuft, weshalb er nicht ganz mit der Beliebtheit der übrigen Simson-Vögel mithalten konnte.

WARUM DIE KLEINKRAFTRAD-KLASSE UNTERGING

Aus der Distanz der Jahrzehnte betrachtet weiß man sehr genau, warum die Kleinkraftradklasse und mit ihr die deutsche Zweirad-Industrie unterging. Allerdings wusste man schon damals, dass die deutschen 50er im Grunde genommen keine Zukunft hatten, man musste nur lesen können: Die Zeitschrift Motorrad veröffentlichte in ihrer Ausgabe 11/1976 einen Test mit elf aktuellen Kleinkrafträdern. Der Autor Franz Josef Schermer schrieb zum Schluss: »Bei der Vielzahl der angebotenen Kleinkrafträder von 1500 bis zu stolzen 3000 D-Mark fällt es trotzdem schwer, eine generelle Kaufempfehlung zu geben. Die billigste, die Honda SS 50, wird nicht mehr gebaut, obwohl sie eindeutig die wirtschaftlichste ist. Das zweitteuerste Modell, die KTM mit ihren vielen pfiffigen Kleinigkeiten, bietet so viel, dass man sich echt fragt: lohnt es sich für zwei Jahre? Diese Frage wird jeder Käufer sich ohnehin stellen müssen, wenn es um die Wahl eines Kleinkraftrads geht.

Deshalb ist mit folgendem Ratschlag auch bei den 50ern am besten gedient: man richte seinen Kaufentschluss nach der Qualität der nächstgelegenen Werkstatt.«

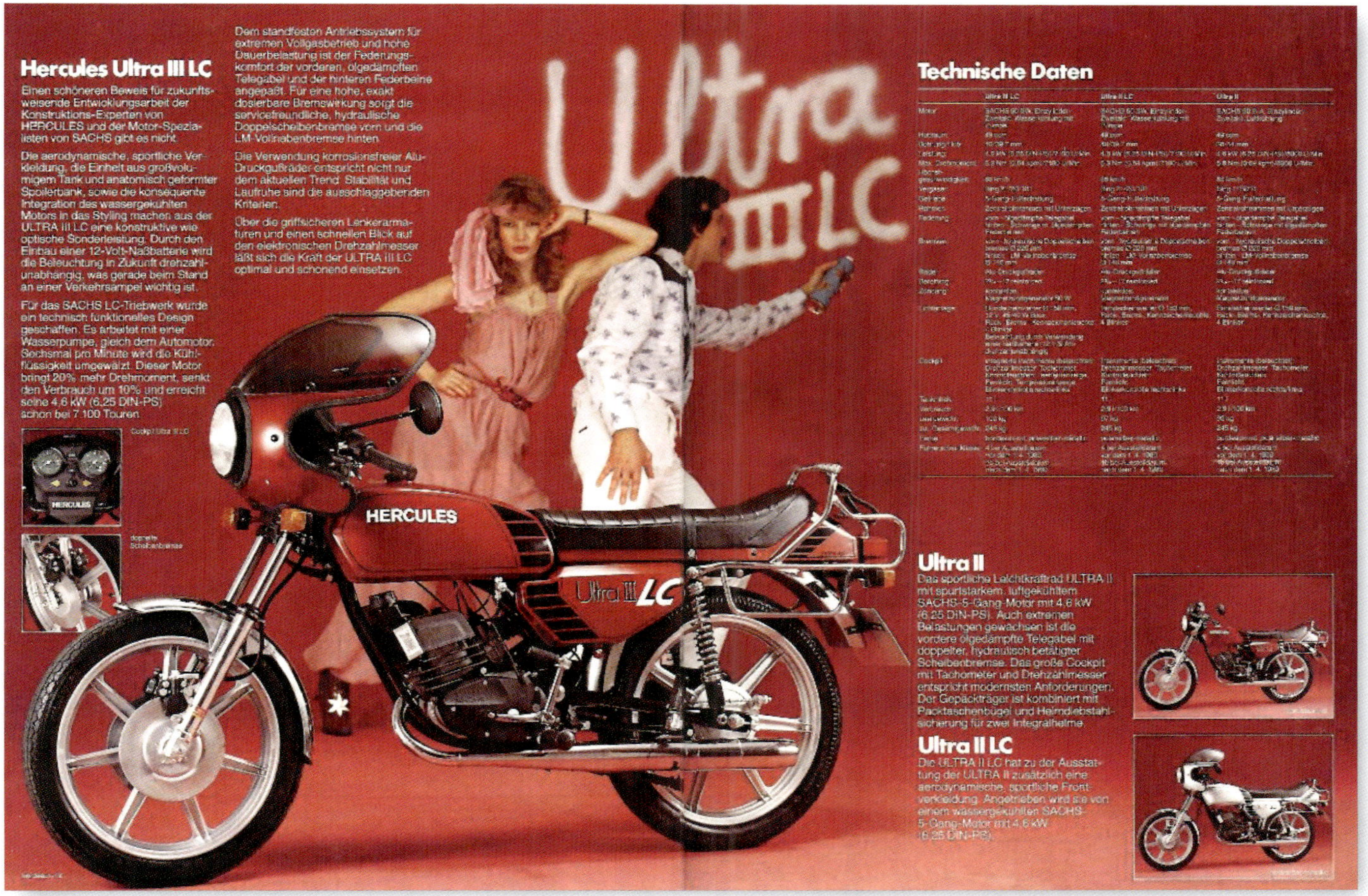

Höhe- und Endpunkt der Kleinkraftrad-Entwicklung war die Hercules Ultra III LC von 1980. Komplett ausgestattet mit Cockpitverkleidung, Cockpit mit Tacho, Drehzahlmesser und Zündschloss, Kontrollleuchten, 12-Volt-Elektrik und Gepäckträger mit Helmschloss (nur ein Schutzbügel konnte noch als zusätzlich montiert werden), kostete sie laut Liste schier unerschwingliche 4099 Mark.

Nachlese International

Dieses Kapitel soll noch den zu kurz gekommenen, aber stark im 50er Geschäft der 70er Jahre involvierten Ländern und Marken gewidmet werden. Und ein wichtiger Hersteller ist bisher noch gar nicht erwähnt worden…

FRANZÖSISCHE LEICHTIGKEIT

Schon Mitte der 60er Jahre waren französische Hersteller stark im Mofageschäft unterwegs, allen voran Motobécane und Solex. Letztere Firma produzierte Ende des Jahrzehnts bereits 1800 Fahrzeuge täglich für das Inland und den Export. Anders als in Deutschland durften in Frankreich schon 14-jährige ohne Führerschein auf 50-cm³-Fahrzeuge steigen, die mit der rauschhaften Geschwindigkeit von maximal 50 km/h unterwegs waren. Entsprechend unterschieden sich die Modelle für das Inland gegenüber den Exportfahrzeugen, denn speziell in Deutschland herrschten vergleichsweise strenge Regeln. Die französische Lockerheit bescherte den einheimischen Marken sagenhafte Produktionszahlen. Bereits 1970 hatte Motobécane mit seiner Marke Mobylette neun Millionen Fahrzeuge gebaut, ein paar weniger waren es beim Konkurrenten Velosolex. Den Exportanteil abgezogen, tummelten sich zu Beginn der 70er Jahre mehr als sechs Millionen 50er auf Frankreichs Straßen, das waren mehr als doppelt so viele wie in Deutschland. Und Peugeot, der bald größte Produzent von 50-cm³-Fahrzeugen in Frankreich, fing da erst an…

Das Moby M7 galt als typisches Mädchen-Mofa, denn es musste nicht geschaltet werden.

MOTOBECANE

Bis Peugeot auf die Bühne betrat, standen die Moby- und Mobylette-Mofas für französische Zweiräder. Motobecane hatte 1923 die Produktion aufgenommen und gehörte zu den Pionieren in Sachen stufenloser Kraftübertragung. Außerdem wurden sie günstig angeboten und erfreuten sich auch hierzulande eines guten Rufs (vor allem im französischen Grenzgebiet) als leicht zu frisierende

Das besser ausgestattet Mobylette hatte ein gefedertes Hinterrad und kam in den für die Siebziger typischen grellen Farben wie Grün, Gelb, Türkis und Orange. Beim Super-Mobylette immer mit an Bord: die Chromblenden, die ein kleines Staufach im Rahmendreieck verbargen.

Zweiräder. Dumm nur, dass das auch die Polizei wusste... Der Import erfolgte über die rührige Deutsche Motobecane in Bielefeld, die zeitweise auch den Moto-Guzzi-Import regelte. Das Stammwerk wurde 1984 von Yamaha übernommen, das dort die MBK-Roller baute.

PEUGEOT

Peugeot hat 1970 mit dem Typ 101 ein erstes Mofa in unzähligen Varianten vorgestellt. Die Weiterentwicklung von 1977 führte zum legendären Modell 103, das sicher unglaublicher Popularität erfreute. Und es blieb Peugeot vorbehalten, einen Schlusspunkt unter die Geschichte des Mofas in Deutschland zu setzen, denn seit den Neunzigern fuhr, wer sich unbedingt auf 25 km/h beschränken musste, Roller – hierzulande ebenso wie international. Daher stellte der französische Traditionshersteller im Dezember 2017 nach 40 Jahren Produktion und Vertrieb des Zweitakter-Mofas – das eigentlich nur eine modernisierte Variante des alten Typs 103 darstellte, ein. Das Vogue kostete zuletzt 999 Euro, hatte die obligatorischen 49 Kubik und die ebenso typischen Pedale. Wenn das Peugeot-Mofa schon selten geworden war, so galt das für die 2,7 PS starke (plus 0,7 PS) und 45 km/h (plus 20 km/h) schnelle Moped-Ausführung erst recht. Klassische Mofas bauen nun lediglich noch Tomos in Slowenien und – seit 1961 – Amsler in der Schweiz.

Spätestens mit dem Engagement von Peugeot katapultierte sich die französische Mofaindustrie an die Weltspitze.

VÉLOSOLEX

Das Vélosolex war ein Mofa, das der französische Vergaserhersteller Solex entwickelt hatte und es von 1946 bis 1988 produzierte.

Das Fahrzeug hat eine große Fangemeinde und wurde rund sechs Millionen Mal gebaut. Als Grund für diesen Erfolg gilt seine Einfachheit und Robustheit, der geringe Kraftstoffverbrauch von etwa 1,4 Liter Normalbenzin-Zweitaktöl-Mischung auf 100 km, das geringe Gewicht von 28 kg und der Anschaffungspreis: Die letzten Serienexemplare in Deutschland kosteten 798 D-Mark, als Mofas deutscher Hersteller schon über 1500 Mark kosteten. 1974 kam die zuvor eigenständige Marke Vélosolex unter die Fittiche von Motobécane. Und nachdem diese wiederum 1983 von Yamaha übernommen worden war und die Verkaufszahlen zurückgingen, wurde die Produktion in Frankreich am 9. November 1988 eingestellt. Zu dem Zeitpunkt aber war das Velosolex längst schon zum Synonym französischer Lebensart geworden, wie Gaulois-Zigaretten oder Citroëns 2CV, die »Ente«.

Beim klassischen Modell wurde das Vorderrad über eine Reibrolle angetrieben. Der Zweitakt-Motor des meistverbreiteten Modells 3800 war klappbar an der Gabel befestigt, hatte einen Hubraum von 49 cm³ und beschleunigte das Fahrzeug ungedrosselt auf 30 bis 35 km/h.

Das Modell 3800 war, bis auf einige Sonderausführungen, ausschließlich im klassischen Schwarz erhältlich.

Die Vélosolex in der Ausführung von 1970. Neben vielen anderen Details faszinieren die Außenzughebel am Lenker.

1974 kam Vélosolex unter die Fittiche von Motobécane. Das urige Mofa wurde noch bis 1988 produziert.

ITALIENISCHER CHARME

Auch in Italien durften Jugendliche ab 14 Jahren 50-cm³-Fahrzeuge ohne Führerschein fahren, sofern die Höchstgeschwindigkeit auf 40 km/h gedrosselt war. Das galt also vor allem dem »Ciclomotore«, was ins Deutsche übersetzt nichts anderes als »Motorfahrrad« bedeutete.

Schon in den 60er Jahren begannen einige italienische Motorradmarken mit großem Namen in die Fertigung von Mofas, Mopeds und Mokicks einzusteigen, um sich auf einem kaum noch vorhandenen Markt größerer Motorräder irgendwie über Wasser zu halten. Offene Kleinkrafträder wie in Deutschland waren für den italienischen Markt nicht von Interesse, wurden in den 70er Jahren aber für Exportzwecke von verschiedenen Marken produziert. Leistungsoffene 50er gab es dennoch reichlich in Italien, allerdings für rein sportliche Einsätze bei den Landesmeisterschaften im Geländesport und im Moto Cross. Für die 50er Produktion im Italien der 70er Jahre wären noch folgende Namen erwähnenswert.

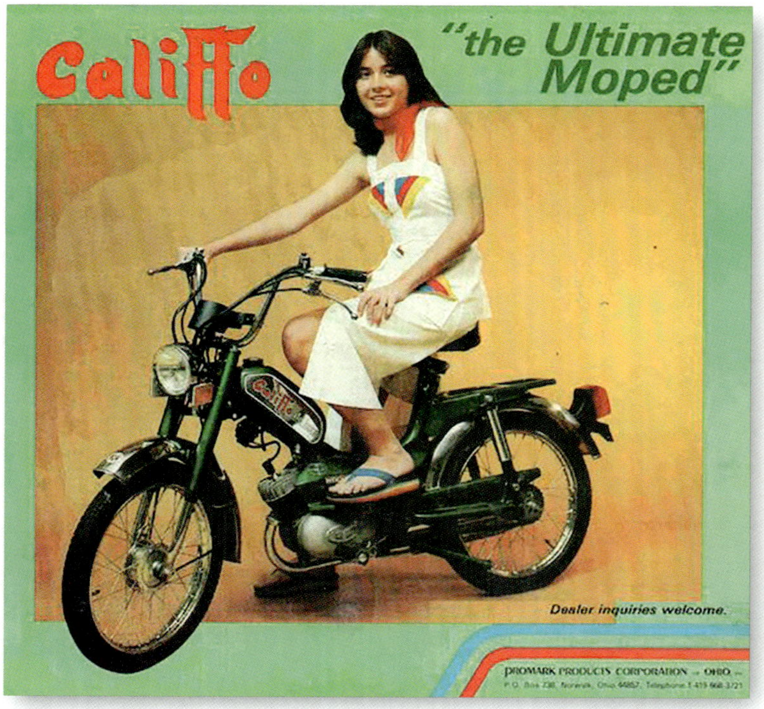

CESARE RIZZATO

Die Atala-Velocipedi-Fabrik wurde 1907 von Angelo Gatti, Ex-Manager von Bianchi, in Mailand als reine Fahrradfabrik gegründet. 1938 wurde die Marke dann von Cesare Rizzato, einem Handwerker und Webstuhlbauer in Padua, übernommen, der bereits seit 1921 Fahrräder baute. Rizzato begann sofort mit der Produktion kleiner Motorzweiräder mit 50 cm³ Hubraum, die dann ab den 50er Jahren als Mopeds und ab Ende der 60er Jahre auch als Mofas über die italienische Grenze hinaus bekannt wurden. Auch Mopedroller waren im Angebot, sogar solche mit Elektroantrieb. In Europa wurden die preiswerten Zweiräder vor allem unter den Bezeichnungen »Califfo«, »Ringo«, »Satan« und »Turismo« bekannt.

MALAGUTI

Malaguti war ein weiterer italienischer Hersteller von Motorrädern, Motorrollern und Mofas mit Sitz in San Lazzaro di Savena, außerhalb von Bologna. Die Firma, 1930 von Antonio Malaguti gegründet, stellte Motorroller und Motorräder von 49 bis 500 cm³ her, beschäftigte rund 270 Mitarbeiter, hauptsächlich in der einzigen Produktionsstätte in Castel San Pietro Terme, wo die Modelle entwickelt, produziert und getestet wurden. Für den 50-cm³-Markt entstanden sowohl klassische Mofas, als auch sehr sportlich ausse-

Das »CR« auf dem Motorgehäusedeckel steht für »Cesare Rizzato«, dessen vielseitiges Mofaprogramm nicht zuletzt unter der Bezeichnung »Califfo« bekannt wurde.

Betamotor aus Florenz bot in den 70er Jahren mehrere Modelle in Mokick- und Kleinkraftradausführung an. Bei letzteren gerne im Gelände-Outfit wie diese Beta SP Cross mit Fünfgangschaltung von 1974.

Großes italienisches Kino in der Mofa- oder Mokickklasse: Die Malaguti V4 in sportlichem Design mit Druckgussfelgen und Scheibenbremse.

Auch typisch italienisch: Die Malaguti Cavalcone mit Sechsganggetriebe als Mokick oder Kleinkraftrad für die Schotterpiste.

hende kleine Motorräder, die sowohl Mofas, als auch Mopeds und Mokicks sein konnten. Je nach Bedarf im eigenen und in den Exportländern. Die bekanntesten Mofas hierzulande waren die Ronco-Typen 21 und 25 (1977-1979) und das Olympic V 4 25. Letzteres war auch als Mokick V 4 40 zu haben. Das galt so genau so für die Chopper-Modelle CH 25 und CH 40. Speziell für den deutschen

Kleinkraftrad-Markt, aber auch für die Wettbewerbe im eigenen Land, war das Enduro-Modell »Cavalcone« mit Sechsgangmotor gedacht.

MOTOGRAZIELLA

Die Motograziella wurde von 1968 bis 1979 von Teodore Carnielli & Co. in Vittorio/Italien gebaut. In Deutschland wurde das Fahrzeug von der Kölner Firma Gold-Rad als Mofa oder Mokick vertrieben.

Die Motograziella war mit dem legendären Sachs 502 Motor ausgestattet, der tausendfach bei Hercules, Zweirad Union (DKW) und verschiedenen Mopeds und Mofas verwendet wurde. Trotzdem gibt es heute kaum Ersatzteile. Bis 1971 gab es die Motograziella nur ohne Hinterradfederung und in der Farbe Azurblau. Ab 1971 wurde sie mit einer Hinterradfederung ausgestattet und die Farbpalette um Alfarot und Sedangrün erweitert. Heute ist dieses eigentümliche Fahrzeug ein gesuchtes Kultobjekt.

Frühes italienisches Original der Motograziella von 1969/70, noch ohne Hinterradfederung.

Das wohl skurrilste Modell unter den Minibikes der 70er Jahre: Die Motograziella, wie sie von der Kölner Firma Gold-Rad vertrieben wurde.

TOMOS

Wir verlassen jetzt Italien, bleiben aber in dessen Grenzregion, genauer gesagt im slowenischen Koper, einer Hafenstadt in der Nähe von Triest. Dort wurde 1954 die Motorradfabrik Tovarna Motornih Vozil (ursprünglich: Tovarna motornih koles Sežana), kurz

In England zum Beispiel stehen Tomos-Mofas und Mopeds auch 2022 im Angebot. (Foto: Tomos GB)

Tomos, gegründet. Der Vielvölkerstaat Jugoslawien, zu dem Slowenien damals gehörte, offiziell sozialistisch, aber nicht am Gängelband der Sowjetunion hängend, wollte Arbeitsplätze schaffen, das Volk mobilisieren und auch den kurzen Weg nach Italien für devisenbringende Exporte nutzen. Die Zweiradfertigung begann mit der Lizenznahme des erfolgreichen Puch-Zweigangmopeds MS 50, das bei Tomos als »Colibri« in einigen Variationen weit über 100 000 Mal gebaut und stetig weiterentwickelt wurde. Seit 1966 betrieb Tomos auch in einer Fabrik in Holland.

Ab 1971 begann sich Tomos mehr und mehr von den Puch-Lizenzen zu verabschieden und entwickelte bald eigene 50-cm³-Motoren mit fünf oder sogar sechs Fahrstufen.

1968 führte Jugoslawien die Steuer- und Führerscheinpflicht für die 50er ein, was – wie anderswo auch – zunächst einen Einbruch der Verkaufszahlen im eigenen Land zur Folge hatte. Aber die Exportbeziehungen waren inzwischen so stark, dass der Rückgang des Inlandsabsatzes kompensiert werden konnte. Vom einfachen Automatik-Mofa bis zum Kleinkraftrad Cross 50 Junior mit 7,5 PS war Tomos in den 70ern breit aufgestellt und mischte auch in der Schnapsglas-Klasse des Motorrad Grand Prix kräftig mit.

Ein Sattelschlepper der Firma Tomos, beladen mit 100 in Lizenz gebauter Puch-Mopeds vom Typ MS 50.

Die Cross 50 Junior von Tomos war vorrangig für den Export nach Italien konzipiert worden. Mit dem 7,5-PS-Motor war die Maschine durchaus wettbewerbstauglich.

Das Tomos ST 50 von 1972 war ein Kleinraftrad mit 6 PS und Fünfganggetriebe.

Motorroller mit 50 Kubik

Ende der 1950er Jahre war die große Zeit der Motorroller in der westlichen Welt vorerst vorüber, das Automobil hatte ihnen den Rang abgelaufen. Und ehe sich in den 90er Jahren Mofas und Mokicks wieder in Roller verwandelten, lag dieses Segment des Zweiradmarktes ein Vierteljahrhundert brach. Nur ein paar Hersteller hielten – abgesehen von Piaggio und Simson – noch eine bescheidene Produktion von 50-Kubik-Rollern bis in die 80er Jahre hinein aufrecht.

MOTORROLLER AUS DEUTSCHLAND

Bis 1996 blieb der Markenname Hercules für motorisierte oder pedalisierte Zweiräder aus Nürnberg erhalten und bis dahin bot Hercules auch Motorroller an, allerdings stammten diese nicht mehr aus eigener Fertigung. Bis 1978 importierte Deutschlands Marktführer den österreichischen KTM-Roller »Ponny II«, der anstelle des originalen Puch-Motors für Hercules (auch die Bielefelder Firma Rabeneick vertrieb diesen Roller bis 1967) ein Sachs-Triebwerk erhielt. Ab 1980 kooperierten die Nürnberger dann mit Yamaha und verkauften deren »Beluga«-Roller als CV 50 oder CV 80 mit jeweils entsprechendem Hubraum.

Der KTM-Roller Ponny II mit Hercules-Schriftzug und einem Triebwerk von Fichtel & Sachs anstelle des Puch-Motors.

Durchaus modern war der Zündapp-Roller R 50 im Jahre 1964 gezeichnet. Am Ende seiner Bauzeit war das Design eher nostalgisch zu nennen.

Kaum war der letzte Bella-Roller in München vom Band gerollt, legte Zündapp im Frühjahr 1964 den neuen Mokick-Roller R 50 auf. Gleichzeitig erschien der Roller auch in der Kleinkraftrad-Variante mit 4,6-PS-Motor und handgeschaltetem Viergangetriebe als Typ 561-004 und rief dafür zunächst 1358 D-Mark auf. Der Roller hatte eine Höchstgeschwindigkeit von 65 km/h. An einem verwindungssteifen Rohrrahmen mit Druckguss-Mittelstück hingen vorn eine Kurzschwinge und hinten eine Schwinge mit zwei hydraulisch gedämpften Federbeinen. 1965 waren die Konstrukteure dann soweit, den Roller auch mit Fußschaltung und der Zusatzbezeichnung »Super« anbieten zu können. 1966 nahm man das handgeschaltete Modell nach gut 4000 gebauten Exemplaren schon wieder aus dem Programm. Den Super-Roller beließen die Münchner bis 1979 im Sortiment, kein anderes Zündapp-Fahrzeug konnte sich einer so langen Bauzeit erfreuen. In der Mokick-Version war der Kleinroller sogar bis 1984 zu haben.

Der Roller erbrachte in der Mokick-Version konstant gute Verkaufszahlen, war

Fußschaltung, gesteppte Sitzbank und kräftige Farben – so wurde der Zündapp-Roller R 50 bis 1984 ausgeliefert.

Die »Schwalbe« von Simson war in den 70er Jahren der meistgebaute 50-cm³-Kleinroller der Welt. Von 1964 bis 1986 entstanden knapp 1,7 Millionen Fahrzeuge.

Im Inland zu allen Zeiten heiß begehrt und nur mit langen Lieferzeiten erhältlich, konnte die Schwalbe in diversen Exportländern sofort erworben werden.

aber nie ein Bestseller. Erst 1978 wurde das Dreiganggetriebe auf Fußschaltung umgestellt. In dieser Form rollte der Roller bis zum Zündapp-Ende aus der Münchner Montagehalle. Den großen, wenige Jahre später einsetzenden Mofa-, Mokick- und Rollerboom erlebte er leider nicht mehr.

Ganze andere Stückzahlen als im Westen kannte man da vom Simson-Roller KR 51/1 »Schwalbe«. Der Nachfolger des KR 50 begründete zu Beginn des Jahres 1964 die zweite Suhler Kleinkraftrad-Generation, die berühmte »Vogelserie«. Mit drei Gängen (zunächst noch handgeschaltet), 3,4 PS und Gebläsekühlung werkelte der Zweitakter vier Jahre lang unter dem Blechtunnel und durfte den zweisitzigen Roller, mit behördlicher Genehmigung, auf 60 km/h beschleunigen. Erst im Sommer 1965 konnte der Typ »F« mit Fußschaltung geliefert werden.

In jedem ihrer 22 Produktionsjahre blieb die Schwalbe ein Fahrzeug in »limitierter Auflage«. Das lag hauptsächlich an der üppigen Blechverkleidung des Rollers; denn Tiefziehblech war in der DDR zu allen Zeiten Mangelware. Dabei hätten erheblich mehr Schwalben verkauft werden können; die selbst in späten Jahren kaum nachlassende Beliebtheit brachte dem Kleinroller in der Provinz (nicht Berlin!) bis zu fünf (!) Jahre Lieferzeit ein.

Ab März 1968 erhielt der Roller die Bezeichnung KR 51/1 und den neuen Motor M 53/1. Fußschaltung (KR 51/1 F) und Handschaltung blieben weiterhin parallel im Angebot. Durch kleine Änderungen konnte die Leistung geringfügig erhöht (3,6 PS) und dabei die Drehzahl gesenkt (5750 U/min) werden. Das F-Modell blieb bis 1980 im Programm und avancierte mit 350.000 verkauften Exemplaren zur erfolgreichsten Schwalbe überhaupt.

In der DDR war die Schwalbe bei Jugendlichen beiderlei Geschlechts gleichermaßen beliebt.

Im Oktober 1968 startete die Produktion des KR 51/1S. Das »S« stand für »Sonderausführung«, die vor allem eine automatische Schaltkupplung beinhaltete. Die nach dem Fliehkraftprinzip arbeitende Kupplungsautomatik war gewöhnungsbedürftig, konnte aber wegen des fehlenden Handhebels nicht umgangen werden. Die Automatik-Schwalbe konnte die Erwartungen hinsichtlich ihrer Verkaufszahlen kaum erfüllen. Der Lenker ohne Kupplungsgriff blieb den Interessenten fremd. 1974 brachte Simson noch den KR 51/1K auf den Markt. »K« bedeutete mehr Komfort durch ein hydraulisch gedämpftes Vollschwingenfahrwerk und eine nochmals um 1,5 cm in der Länge gezogene Sitzbank. Zwischen 1970 und 1980 entstanden rund eine halbe Million Schwalben – gut 45.000 Stück pro Jahr!

MOTORROLLER AUS ÖSTERREICH

Für 1969 machte KTM den seit 1962 gebauten Motorroller Ponny II noch einmal fit für die Zukunft, nicht ahnend, dass diese noch 17 Jahre lang anhalten würde. Äußerlich sprangen die neue, bequemere Sitzbank und die frischen Farben (Silbermetallic, Blaumetallic, Grün) ins Auge. Die Karosserie blieb nahezu unverändert, lediglich eine Gummifußmatte sorgte für Rutschfestigkeit im Fußraum. Neu war die Motorisierung, für die man nun ausschließlich auf Puch-Motoren zurückgriff. Ponny II »Super« hieß der KTM-Roller jetzt auf dem Inlandsmarkt, für den nach wie vor Pedale vorgeschrieben waren, da das Fahrzeug weiterhin der Mopedkategorie zugeordnet werden sollte. Schön sah das nicht unbedingt aus, aber der Sozius wusste, wo er seine Füße draufzustellen hatte. 1,8 PS mussten reichen, um den 85 kg schweren Roller mit Besatzung auf maximal 40 km/h zu beschleunigen. Auch mussten hier weiterhin drei Gänge genügen, die immer noch per Drehgriff eingelegt wurden.

»Ponny II Super 4« hieß dann der Roller mit Puch-Viergangmotor und Fußschaltwippe, und mit dem Namenszusatz »de Luxe« brachte er auch eine Vierleuchten-Blinkanlage mit. Für den Export gab es immer noch die Möglichkeit, den Kleinkraftrad-Motor von

Der Roller Ponny II Super 4 von KTM in einfacher Ausstattung und Lackierung. Mit 2,6-PS-Puch-Motor war der Roller in Österreich als Moped und in Deutschland als Mokick eingestuft.

Fichtel & Sachs mit 4,3 PS einzusetzen. Als Hercules die Einfuhr des KTM-Rollers 1978 beendete, entfiel diese Variante. Unter wechselnden Typenbezeichnungen (u. a. »DL«) und zuletzt nur noch als Dreigang-Mokick, blieb der Roller bis 1986 in der Produktion. Der Abverkauf zog sich dann noch weitere zwei Jahre hin.

Seit 1954 hatte Puch Moped-Roller gebaut. Ernst zu nehmen war dabei aber erst der ab 1959 gebaute DS 50, ein Doppelsitzer mit Schalenrahmen-Karosserie und deutlichem Mopedcharakter. Der gebläsegekühlte Dreigangmotor war anfangs noch mit Pedalen ausgestattet, die später entfallen sollten. Der Roller erhielt in Österreich bald den Spitznamen »Daisy« und blieb mit stetig kleinen Überarbeitungen (u. a. Vierganggetriebe mit Fußschaltwippe und Kickstarter) bis 1981 im Puch-Programm.

Ponny II Super 4 de Luxe mit Vierleuchten-Blinkanlage. Für den Export als Kleinkraftrad baute KTM einen Motor von Fichtel & Sachs ein.

Der R 50 V von Puch mit schicker Zweifarben-Lackierung und Chrom-Zierleisten auf der Haube. Bis 1972 gab es einige Modellvarianten von 2,6 bis 4,7 PS.

Mit dem R 50 versuchte Puch dann ab 1965 einen modernen Mokick-Roller im In- und Ausland zu verkaufen. Der Zentralrohrrahmen trug eine auf Kante geschnittene Karosserie mit tiefem Durchstieg. Zur Wahl standen Motoren zwischen 1,7 und 4,7 PS, sowie Drei- oder Vierganggetriebe. Auch eine Zweigang-Automatik mit Fliehkraftkupplung war möglich. Aber 50er Roller waren gerade nicht gefragt in der westlichen Welt und so stellte Puch die Produktion des R 50 schon 1972 nach nur 15.525 Einheiten wieder ein.

MOTORROLLER AUS ITALIEN

In Italien durften lange Zeit motorisierte Zweiradfahrzeuge, die nicht schneller als 45 km/h fuhren und nicht mehr als 50 cm³ Hubraum aufwiesen, schon ab 14 Jahren ohne Führerschein gefahren werden – ein riesiger Absatzmarkt für die ab 1963 gebaute Vespa 50 mit 1,5 PS, die es in Deutschland auch als Mokick oder Kleinkraftrad bis 2,6 PS und 60 km/h gab.

Vespa 50 Special und Vespa 50 Elestart (mit Elektrostarter) hießen die einsitzigen Mokickroller, mit denen Piaggio 1969 in eine neue Ära startete.

Die Vespa 50 N von 1970, zweisitzig und in knalligem Orange. Die 50-cm³-Motoren von Piaggio wurden mittels Drehschieber-Einlass gesteuert.

N stand für die Mokick-Version der kleinen Vespa, hier 1978 im Stadtverkehr von Stuttgart.

Die Vespa 50 SR gehörte mit ihren 4,4 PS und den damit möglichen 74 km/h in die Kategorie Kleinkraftrad.

Die typischen Vespa-Fünfziger der 70er Jahre waren aber die ab 1969 gebauten Modelle 50 Special und 50 Elestart mit auffällig geformtem Einzelsitz. Der war allerdings in Deutschland und auch anderen Ländern kaum verkäuflich, weshalb hier die Modelle Vespa 50 S (Mokick, 2,9 PS) und Vespa 50 Super Sprint (Kleinkraftrad, 3,7 PS) mit einer Doppelsitzbank angeboten wurden. Wie die Mofas aus dem Hause Piaggio hatten auch die 50er Roller Motoren mit Drehschiebereinlass. Als Vespa 50 SR schaffte der kleine Roller ab 1974 auch 4,4 PS und fast 70 km/h, auf dem deutschen Markt wurde gegen Ende der 70er Jahre fast nur noch die Vespa 50 SR verkauft: 50er Roller waren auf dem bundesdeutschen Markt zu dieser Zeit nicht mehr gefragt.

Auch die Firma Innocenti in Mailand trug mit ihrer Marke »Lambretta« dazu bei, dass es in Europa zu Beginn der 70er Jahre Motorroller mit 50 cm³ Hubraum gab. Je nach Ausführung als Lambretta 50 »DL« oder 50 »de Luxe« vermarktet, mussten die Maschinen in Deutschland wegen ihrer Höchstgeschwindigkeit von 55 km/h als Kleinkrafträder eingestuft werden – das K.-o.-Kriterium für größere Absatzzahlen. Aber die Firma Innocenti war ohnehin am Ende und schloss 1971 ihre Tore.

Innocenti, mit seiner Marke Lambretta der einst große Vespa-Rivale, musste 1971 die Produktion einstellen. Die letzte 50er der Marke war die Lambretta 50 DL.

Ein Motorroller? Jedenfalls sah das Modell Amico 50 der italienischen Firma Testi so ähnlich aus. Die kleine Maschine war auch als Zweisitzer zu haben.

Ein skurriles Fahrzeug brachte 1971 die Firma Testi aus Bologna auf den Markt. Seit 1958 war die kleine Zweiradschmiede auch auf 50-cm³-Maschinen spezialisiert, für deren Antrieb Minarelli-Motoren sorgten. Für das rollerähnlich Fahrzeug Amico 50, das immerhin mit Fußrasten und Kickstarter ausgerüstet war, musste eine Zweigang-Handschaltung reichen. Über die Motorleistung schwiegen sich die Prospekte aus, in Italien schaffte die kleine Maschine auf jeden Fall nicht mehr als 45 km/h.

Die 50er im Motorsport

Mit dem Aufkommen der 50-cm³-Kleinkrafträder wurden diese von mehr oder weniger kundigen Händen sofort für diverse sportliche Einsätze »zurechtgemacht«. Obwohl es für diese Klasse zunächst weder nationale noch internationale Titel zu holen gab, gaben sich bei Trial-, Moto Cross-, Geländesport- und schließlich auch bei Straßenrennen auf regionaler Ebene und vor allem im Nachwuchsbereich bald zahlreiche Schnapsglas-Zweitakter ein Stelldichein. Nationale und internationale Wettbewerbe ließen nicht lange auf sich warten.

Die Kreidler-Van Veen Weltmeister-Rennmaschine des Jahres 1971 war auch ein Ergebnis von tagelangen Tests im Windkanal.

STRASSENRENNSPORT

Der Straßenrennsport wurde in Deutschland vor allem von der Firma Kreidler vorangetrieben. Am 26. April 1959 gab es den Startschuss zum deutschen Motocup, in dem zunächst der inoffizielle deutsche Meistertitel ausgefahren wurde. Für 1961 schrieb die oberste internationale Motorradsportorganisation eine Europameisterschaft für Rennmaschinen bis 50 cm³ aus. Wie zuvor schon den deutschen Motocup, gewann Georg Anscheidt auf Kreidler auch den Europameistertitel.

1970 und 1971 fuhr Morbidelli bei den 50ern vorne mit, zog das Engagement danach aber zurück.

Mit Moto Villa war in der ersten Hälfte der 70er Jahre eine weitere italienische Marke im Grand-Prix-Zirkus unterwegs, für die es aber nicht nach ganz vorne reichte.

Angel Nieto auf Derbi hieß das Weltmeistergespann der Jahre 1970 und 1972.

Henk van Kessel holte mit einer Van Veen-Werksmaschine 1974 überlegen den dritten WM-Titel für Kreidler.

Für die dann ab 1962 ausgeschriebene Weltmeisterschaft im Rahmen des Motorrad Grand Prix hatte Kreidler in Kornwestheim den Titel vermeintlich schon in der Tasche, die Rechnung aber ohne Suzuki gemacht. Die Japaner holten den ersten Titel ausgerechnet mit dem aus der DDR geflüchteten Ernst Degner. Auch die Versuche von Kreidler, in den Folgejahren den Titel zu erringen, schlugen fehl und so zog man sich nach 1964 vorerst vom Straßenrennsport zurück. Acht Grand-Prix-Siege durch Anscheidt und Jan Huberts standen bis dahin immerhin zu Buche.

Aber die Entwicklung der schnellen 50er hatte sich totgelaufen und mündete 1968 in der FIM-Verordnung, die nur noch Maschinen mit einem Zylinder und maximal sechs Getriebegängen zuließ. Kreidler gewann wieder Oberwasser, vor allem nachdem der holländische Importeur Hendrik van Veen in die Rennentwicklung und

Herbert Rittberger hatte in Eigeninitiative einen bei Kreidler gekauften Rennmotor soweit gebracht, dass er mit seiner Eigenbaumaschine 1974 und 1976 Vizeweltmeister werden konnte.

-beteiligung eingestiegen war. Trotzdem schaffte es Kreidler nicht sofort zurück an die Spitze. Erst 1971 – der Motor lieferte inzwischen 17,5 PS und machte die Maschine 180 km/h schnell – konnte Jan de Vries fünf Rennen gewinnen und den ersten WM-Titel für Kreidler holen.

1972 waren schon sechs Kreidler-Maschinen in der WM-Endabrechnung in den Top-Ten, der nächste Titel wurde aber erst wieder 1973, erneut durch Jan de Vries, eingefahren. Trotz des Ausstiegs von Van Veen und dem Karriereende von Jan de Vries ging die Titeljagd der Kreidler-Maschinen weiter: Henk van Kessel holte mit dem 73er Modell den 74er Titel vor Herbert Rittberger, der mit einer privaten Kreidler unterwegs war. Rittberger hatte sich ein kleines Rennteam aufgebaut, wurde 1976 noch einmal Vizeweltmeister und übernahm 1978 die technische Leitung des wieder ins Renngeschehen eingestiegenen Kreidler-Van Veen-Teams.

1974 waren von 30 Fahrern der 50-Kubik-Klasse 23 auf Kreidler-Maschinen gestartet. Nicht anders sah das Starterfeld im Folgejahr aus. Bis zu 20 PS leisteten die Motoren inzwischen, und der Spanier Angel Nieto wurde 1975 Weltmeister. Danach hatte für die nächsten drei Jahre die Marke Bultaco die Nase vorn. Die Spanier hatten sich die Renntechnik der italienischen Marke Piovaticci

gesichert und waren mit dieser weiterentwickelten Basis unschlagbar. Aber ab 1978 näherte sich Kreidler-Van-Veen erneut der Spitze und holte mit der neu entwickelten Rennmaschine, die inzwischen bis zu 23 PS leistete, 1979 mit Eugenio Lazzarini wieder den WM-Titel. Die Titel brachten viel Image, verschlangen aber noch mehr Geld. Den Absturz der Marke konnten sie nicht verhindern.

Nachzutragen bleibt noch, dass von 1968 bis 1978 ausschließlich Kreidler-Fahrer den deutschen Meistertitel gewannen, vier davon gingen allein an Rudolf Kunz, der auch viele WM-Punkte in seiner Karriere gesammelt hatte.

Angel Nieto, mit 13 WM-Titeln und 90 Grand Prix-Siegen einer der ganz Großen im Motorradrennsport, gewann seinen sechsten Titel 1975 auf einer Kreidler.

Piovaticci hieß das kleine italienische Rennteam, das 1975 äußerst erfolgreich in der 50er Klasse mitfuhr und mit Eugenio Lazzarini den Vizeweltmeister stellte.

Die 50-cm³-Weltmeister 1970-1979		
Jahr	Marke	Fahrer
1970	Derbi	Angel Nieto
1971	Kreidler	Jan de Vries
1972	Derbi	Angel Nieto
1973	Kreidler	Jan de Vries
1974	Kreidler	Henk van Kessel
1975	Kreidler	Angel Nieto
1976	Bultaco	Angel Nieto
1977	Bultaco	Angel Nieto
1978	Bultaco	Ricardo Tormo
1979	Kreidler	Eugenio Lazzarini

Die Kreidler-Van Veen-Rennmaschine, mit der Eugenio Lazzarini 1979 den fünften WM-Titel für die Marke aus Kornwestheim einfuhr.

Im Jahr darauf hatte sich Bultaco bei Piovaticci eingekauft und fuhr mit der weiterentwickelten Maschine drei WM-Titel nacheinander ein.

Peter Neumann holte für Zündapp drei deutsche und vier europäische Meistertitel in der Klasse bis 50 cm³.

Volker Kramer auf der 50-cm³-Maschine gehörte 1968 zum Zündapp-Team, das die Six-Days-Trophy gewann.

Ob nun mit 50 oder 100 Kubikzentimeter Hubraum: Die Zündapp-Werksenduros des Jahres 1975 waren nicht voneinander zu unterscheiden.

GELÄNDESPORT

Spätestens zu Beginn der 60er Jahre waren die offenen 50er auch für motorsportliche Betätigungen abseits der Straße von Interesse. Trial, Moto Cross und vor allem der Geländesport waren für regionale Veranstaltungen und später für Juniorenwettbewerbe interessant. Italien gehörte zu den ersten Ländern, die eine nationale Meisterschaft für 50-cm^3-Fahrzeuge ausschrieben, Deutschland zog 1962 nach. Schon im Jahr zuvor, als eine deutsche Mannschaft die internationale Six-Days-Trophy gewann, zu dieser Zeit noch die inoffizielle Mannschaftsweltmeisterschaft im Motorradgeländesport, war eine 50 cm^3-Zündapp mit von der Partie.

Neben Zündapp gehörten aus deutscher Sicht noch Hercules und die starken Simson-Maschinen aus Suhl zur internationalen Spitze. Die wurde allerdings zum Ende der 60er Jahre hin immer dünner, das Interesse ließ stark nach. Simson verabschiedete sich aus dieser

Ancilotti aus Sambuca Val di Pesa baute seit 1973 Geländesport-Maschinen verschiedener Hubräume auf. Die 50er wurden durch Motoren von Fichtel & Sachs angetrieben.

Kaiman nannte die italienische Firma Cimatti ihre Offroad-Modelle mit Motoren von Franco Morini.

Auch Trial-Maschinen mit 50 cm^3 hat Ancilotti in Kleinserie hergestellt und auf internationalen Märkten angeboten.

Moto Gori aus Florenz baute ab 1970 Geländesportmaschinen mit Motoren von Fichtel & Sachs. Im Bild die Gori 50 GS/6 von 1977.

Corsarino Superscrambler 50 nannte Motor Morini diese Maschine, die für den amerikanischen Markt und weniger für echte Geländeeinsätze gedacht war.

Kategorie und startete erst in der Klasse ab 75 cm³, Hercules zog sich als Werksteam ganz zurück. Einige der privaten Fahrer waren aber weiterhin auf diesen Marken unterwegs und auch eine Puch oder KTM tauchte immer wieder mal auf. Glücklicherweise, denn sonst wäre diese Klasse wohl nicht erst 1980 aus dem internationalen Reglement genommen worden.

Bei den ab 1968 stattfindenden Europameisterschaftsläufen traten nun oft nicht mehr als fünf oder sechs Fahrer in der untersten Klasse an. Zündapp hatte da leichtes Spiel, von 1968 bis 1977 holten sich die Münchner ununterbrochen den Europameistertitel in der Schnapsglasklasse, ehe auch dort das Interesse an den kleinen Maschinen nachließ. Bei ihren Trophy-Siegen 1975 und 1976, nun offizielle Weltmeistertitel, trat die Zündapp-Mannschaft bereits ohne die 50er an.

Neben den Wettbewerbsmaschinen für die »Erwachsenen« boten zahlreiche – vor allem italienische – Firmen Offroad-Maschinen mit 50 cm³ Hubraum für den Nachwuchs an. Und zwar sowohl Geländesport- als auch Moto Cross- und Trialmaschinen, gekennzeichnet durch den Schriftzug »Junior« in der Typenbezeichnung. In südlichen Ländern waren diese Mini-Maschinen beliebt, in Deutschland

Vor allem für die in Jugoslawien populäre Klasse Cross 50 Junior baute die Firma Tomos ab 1974 diese Maschine mit 7,5 PS, die sowohl für Geländesport als auch für Moto Cross-Einsätze gedacht war.

SWM (speedy working motors) Motocicli wurde 1971 in Mailand gegründet. Die Maschinen 50 Boy Cross und 50 Regolarita Junior Boy wurden ...

Die 50-cm³-Europameister 1970-1979		
Jahr	Marke	Fahrer
1970	Zündapp	Heinz Brinkmann
1971	Zündapp	Andreas Brandl
1972	Zündapp	Peter Neumann
1973	Zündapp	Peter Neumann
1974	Zündapp	Peter Neumann
1975	Zündapp	Peter Neumann
1976	Zündapp	Erwin Schmider
1977	Zündapp	Erwin Schmider
1978	Hercules	Gino Perego
1979	Fantic	Pietro Gagni

blieben sie eine Randerscheinung. Immerhin bauten Simson mit der GS 50-1 und Zündapp mit der GS 50 noch bis in die 70er Jahre hinein 50er Geländesportmaschinen in Kleinserie.

Ab 1966 bot Zündapp für den Nachwuchs die GS 50 an, die bis in die 70er Jahre hinein in Kleinserie entstand.

... von Minarelli-Zweitaktmotoren angetrieben.

Die GS 50-1 von Simson, wie sie ab 1975 in Kleinserie gebaut und auch in westlichen Ländern angeboten wurde.